大川隆夫
北沢孝司
鯛　智之
山下達歩
　共　著

文系数学
超入門

学術図書出版社

はじめに

　早くから進路を決定するような指導ともあいまって，いったん，文科系の学部への進学を決定した学生が，数学を履修することが少なくなったことに加え，入試の多様化がますます，文科系学生の数学能力の低下に拍車をかけている．

　筆者のうちの1人は，奉職する大学の経済学部において，1998年度から，主に経済学への導入を念頭においた形で，高校数学の補習教育を行う「分析ツール」という1年次配当の科目を担当している．そこで，いったい，学生にはなにが欠けていて数学ができないのかをということを非公式に聞きとり調査などを行ってリサーチした．そこで，数学の内容の理解度に関して明らかになってきたことは，次の2つの事柄である．

　(1) 当初の予想では，高等学校で習ってはいるけれど，やらないうちに内容を忘れてしまった，という学生が大半であると考えていたのであるが，実際は，大半の学生にとって，内容によってはまったく知らない単元が存在することが明らかとなった．この現象は，高校数学のカリキュラム改正後の教育を受けた1998年度入学の学生からより顕著になってきた．具体的には，行列やベクトル，確率の概念，逆関数，指数，対数，微分などをまったく知らない学生がかなりのマスで存在している．

　(2) 高校数学レベルではなく，小中学校レベルの簡単な算数，数学の知識に欠ける学生がかなりの数に上った．西村和雄氏らの「分数ができない大学生」（東洋経済新報社）にも触れられていた，連立方程式の幾何的な解釈のわからない学生の急増は深刻な状況であり，中には直線を座標平面に描けない学生が登場するに至っている．

　このような事態を鑑み，2001年度より，筆者の1人(大川)は，先述の「分析ツール」の科目内容を，経済学の導入的な要素を少なくして，純粋にこれまで

習ってきた (はずの) 数学の内容の復習を主におくかたちの変更を施した. 加えて, ほかの筆者の方々 (鯛氏, 山下氏) に, その授業の補佐として加わってもらい, 学生の生の姿を知っていただいた上で, 「数学者」の立場から, この事態にどのように対処すればよいかという助言を得た.

その助言は, 次のようなものであった. 本書の前に使用していたテキスト (経済学の導入を念頭においたもの) では, 数学の不得意な学生には, 逆に覚えなければいけないことが多すぎて, 混乱を来たすばかりであり, 純粋に数学の内容を教授するというテキストの必要性を指摘された. そこで, 私たちは, 数学の苦手な大学生向けに書かれた市販のテキストを渉 猟 したが, 学生の実力とは明らかにギャップのある難しいものがほとんどで, 実際の授業に役立つレベルのものを発見することができなかった.

「市販されたものがないのなら, みずからの手で作成しよう」ということで, 筆者の 1 人は, 先述の諸君に北沢氏を加えた 3 人に, 執筆者として加わってもらい, 純粋に数学の能力を付けるためのテキストづくりをスタートさせた. このときに, 注意したことは, 次のような事柄である.

(1) 数学的な厳密性を要求するより, 直観的に理解できるように, 極力, 文章表現に工夫をこらした. 加えて, 同一内容を別の角度 (代数的, 幾何的) から復習できるように, 構成にも工夫を凝らした.

(2) 数学の苦手な学生の特徴として, 式の変形が理解できない, もしくは理解できても, 自分で行うと非常に時間がかかる, ということが挙げられる. したがって, 式の変形をできるだけ省略せずにテキストに盛り込み, どのように変形したかについて, 記述するように心がけた.

(3) 自習書としても機能するように, 問題演習を増やし, 模範解答を付加した. とにかく自分の手を動かして, 身体で「数学」を覚えこんでしまえるような形のテキストにするように心がけた.

(4) 盛り込む内容に関しては, なにぶんあれこれ盛り込んでも, 数学の苦手な学生が消化不良に陥るだけなので, 文系にいる学生が苦手にしている内容のうちで, 特に方程式, 関数, 微分にのみ絞って, テキストを作成した. これらの内容に絞ったのは文系学部での使用頻度の高さを考慮した結果である. 加えて,

内容的には，先述の数学のできない大学生の内容を鑑みて，小学生レベルのことから立ち上げて執筆した．

　以上のような経緯を経て，本書は完成した．本書には，筆者たちが，実際に補習科目を受けもった経験を生かして，数学の苦手な学生がつまずきそうなところには，できる限りの手を施したつもりである．本書の使用でもって，1人でも数学が苦手な文科系の学生が減少すれば，筆者たちにとってこれ以上の喜びはない．

謝辞

この教科書の原稿を作成するにあたって，多くの方々の御協力を得ることとなりました．学術図書出版社の方々にはグラフの製作を依頼しました．また，原稿の訂正や数学的内容の相談において，永田善彦氏を始め立命館大学数理科学科の院生諸氏に御協力いただきました．以上の方々に深く感謝の意を申し上げます．

2003 年 3 月　　著者一同

大川隆夫　　立命館大学経済学部助教授

北沢孝司　　立命館大学大学院理工学研究科数理科学専攻

鯛　智之　　立命館大学大学院理工学研究科数理科学専攻

山下達歩　　立命館大学大学院理工学研究科数理科学専攻

目　　次

第1章

数式の取り扱い

　この章には，数学の基礎知識がまとめられています．数学で用いる基本的な言葉や記号および数式の変形について説明しています．それらの習得度合いに応じて活用してください．

1.1　数学で用いる記号

　数学では多くの記号が出てきます．記号の意味がわからなければ，文章の内容を理解するのは容易ではありません．そこで基本的な記号を一部まとめておきます．

記号	読み方	意味
$\neq$	ノットイコール	左のものは右のものではない
$\pm$	プラスマイナス	"$+$" と "$-$" の 2 つの式があるということ
$\mp$	マイナスプラス	"$-$" と "$+$" の 2 つの式があるということ
$\Rightarrow$	ならば	左のことから右のことが導ける
$\Leftarrow$	――	右のことから左のことが導ける
$\Leftrightarrow$	同値	"$\Rightarrow$" と "$\Leftarrow$" がともに正しい
$\therefore$	ゆえに	ゆえに
$\because$	なぜならば	なぜならば

このような記号が出てきても戸惑わないように覚えておいてください. なお "∓" は "±" と同じ意味ですが, $1 - \sqrt{2}$ と $-1 + \sqrt{2}$ を同時に表したいときに

$$\pm 1 \mp \sqrt{2} \quad （複号同順）$$

のように使います. ここに**複号同順**という言葉が出てきましたが, これは言葉の示すとおり, 複数の符号 $(+, -)$ を同じ順 $(\pm, \mp$ の上下について$)$ に選びなさいということです. これとは別に**複号任意**という言葉もあります. これは複数の符号を任意に選びなさいということです. すなわち,

$$\pm 1 \pm \sqrt{2} \quad （複号任意）$$

は, $1 + \sqrt{2},\ 1 - \sqrt{2},\ -1 + \sqrt{2},\ -1 - \sqrt{2}$ を表します.

　数学ではギリシャ文字を使うことがあります. ギリシャ文字の一覧を載せておくので, 形や読みかたなどを確認しておいてください. ギリシャ文字の中にはアルファベットと同じ形のものもあります.

大文字	小文字	読み方	大文字	小文字	読み方
A	α	アルファ	N	ν	ニュー
B	β	ベータ	Ξ	ξ	グザイ
Γ	γ	ガンマ	O	o	オミクロン
Δ	δ	デルタ	Π	π, ϖ	パイ
E	ϵ, ε	イプシロン	P	ρ, ϱ	ロー
Z	ζ	ゼータ	Σ	σ	シグマ
H	η	エータ	T	τ	タウ
Θ	θ, ϑ	シータ	Υ	υ	ユプシロン
I	ι	イオタ	Φ	ϕ, φ	ファイ
K	κ	カッパ	X	χ	カイ
Λ	λ	ラムダ	Ψ	ψ	プサイ
M	μ	ミュー	Ω	ω	オメガ

1.2　数について

ここでは, 数についてまとめておきます. まず,

$$1, \ 2, \ 3, \ 4, \ 5, \ \cdots, \ 100, \ \cdots$$

のように, 物の個数や順番を表すのに用いられる数のことを**自然数**または**正の整数**といいます. 0 より 5 小さい数を 5 に符号 "−" を付けて −5 で表します. このように, 正の整数に符号 "−" を付けた数を**負の整数**といいます. 正の整数, 負の整数, および 0 を合わせて**整数**といいます. すなわち, 整数は

$$\cdots, \ -100, \ \cdots, \ -3, \ -2, \ -1, \ 0, \ 1, \ 2, \ 3, \ \cdots, \ 100, \ \cdots$$

のような数です. $\dfrac{1}{2}$ や $\dfrac{3}{22}$ のような数のことを**分数**といいます. 2 や 22 のように横線の下に書く数のことを**分母**, 1 や 3 のように横線の上に書く数のことを**分子**といいます. 分母は 0 以外の数でなければならないことを注意しておきます. 分母が 1 のときは, 分数は分子と同じ数を表します. たとえば, $\dfrac{2}{1} = 2$ です. 分母, 分子が整数の分数を**有理数**といいます. 0.5 や −3.1415⋯ のような数のことを**小数**といいます. "." を**小数点**といい, 小数点より右側のことを**小数点以下**といいます. "⋯" は小数点以下が無限に続くことを表しています. 0.333⋯, 1.1235235235⋯ のように途中から同じ数が繰り返されるときは

$$0.333\cdots = 0.\dot{3}, \quad 1.1235235235\cdots = 1.1\dot{2}3\dot{5}$$

のように書き, そのような数のことを**循環小数**といいます. 0.5 や −2.14 のように小数点以下が有限個の小数を**有限小数**といいます. $0.5 = 0.5\dot{0}$ のように考えられるので, 有限小数は循環小数になります. 循環小数以外の小数を**無理数**といいます. 無理数の例としては,

$$\sqrt{2} = 1.41421356\cdots, \quad 円周率 \ \pi = 3.141592\cdots$$

などがあります. また, "分数は割り算" すなわち

$$(分数) \ = \ (分子) \div (分母)$$

が成り立つので.

$$\frac{1}{2} = 1 \div 2 = 0.5, \quad \frac{3}{22} = 3 \div 22 = 0.13\dot{6}$$

のように, 有理数は循環小数になります. 逆に循環小数は有理数になります. 有理数と無理数を合わせた数, すなわち小数のことを**実数**といいます. 自然数は整数, 整数は有理数, 有理数は実数となります. 以上のことをまとめると, 次のようになります.

自然数 : 1, 2, 3, 4, 5, … などの数

整数 : …, −3, −2, −1, 0, 1, 2, 3, … などの数

有理数 : 循環小数 (整数の分数)

無理数 : 循環小数以外の小数

実数 : 有理数と無理数を合わせた数

$$\text{実数} \begin{cases} \text{有理数} \begin{cases} \text{整数} \begin{cases} \text{自然数} \\ 0, \text{ 負の整数} \end{cases} \\ \text{循環小数} \end{cases} \\ \text{無理数} \end{cases}$$

実数の中で 0 より大きい数を**正の数**, 0 より小さい数を**負の数**といいます. 掛け算について,

$$(-1) \times 2 = -2, \quad (-2) \times (-5) = 10$$

のように

$$\text{(負の数)} \times \text{(正の数)} = \text{(負の数)}$$
$$\text{(負の数)} \times \text{(負の数)} = \text{(正の数)}$$

などが成り立ちます.

　数学において, しばしば一般の数を文字 $a, b, c, \cdots$ などを用いて表すことがあります. このようにするのは, 物事をきわめて一般的に扱うためです. たとえば, $1+1, 2+2, 3+3, \cdots$ などはすべて 2 の倍数です. これは整数を n で表

せば,

$$n + n = 2n$$

となるからです. また, 文字に具体的な数を代入することにより, 値を計算することもできます. ここで注意しておいてほしいことは, $-a$ のように符号 "$-$" の付いた文字が出てくることがありまが, 別に負の数を一般に表しているわけではないということです. たとえば, a に -1 を代入すると, $-a$ は正の数 1 になります. しかし, a のとりうる数の範囲を正の数にしておけば, $-a$ が負の数を表すことになります. 文字の入った式については, 1.4 節で詳しく取り扱います.

1.3　分数の計算

　ここでは分数の計算方法についてまとめています. まず分数とは,

$$\frac{a}{b} \quad (a, b \text{ は実数で}, b \neq 0)$$

のような形の数のことです. c を 0 でない実数としたときに, $\dfrac{a \times c}{b \times c}$ は $\dfrac{a}{b}$ と同じ数を表します. すなわち,

$$\frac{b \times c}{a \times c} = \frac{b}{a}$$

が成り立ちます. このように, 左の数を右の数に書き換えて簡単にすることを約分と呼びます. たとえば,

$$\frac{4}{12} = \frac{1 \times 4}{3 \times 4} = \frac{1}{3}$$

です.

　ここで記号と言葉に関する注意を少し述べておきます. 掛け算を表す記号は "$\times$" ですが, しばしば "$\cdot$" で表したり, 混乱のおそれがないときは省略したりします. たとえば,

$$3 \times 5 = 3 \cdot 5, \quad a \times b = a \cdot b = ab$$

のようになります. 今後 "$\times$" を省略して表すことが多くなるので注意してください.

さて, 分数の足し算, 引き算, 掛け算, 割り算は,

$$\frac{a}{b} + \frac{c}{d} = \frac{ad + bc}{bd}$$

$$\frac{a}{b} - \frac{c}{d} = \frac{ad - bc}{bd}$$

$$\frac{a}{b} \times \frac{c}{d} = \frac{ac}{bd}$$

$$\frac{a}{b} \div \frac{c}{d} = \frac{ad}{bc}$$

で定義されます. 特に "(整数)+(分数)" などの場合には, 整数 n を $\frac{n}{1}$ とみなして, 計算をします. それでは実際に分数の計算をしてみましょう.

例題 1.1

次の計算をしましょう.

(1) $\dfrac{3}{4} + \dfrac{1}{6}$ (2) $\dfrac{1}{6} \times \dfrac{3}{5} \div \dfrac{2}{15}$

---

(1)　足し算の定義に基づいて計算して,

$$\frac{3}{4} + \frac{1}{6} = \frac{3 \cdot 6 + 4 \cdot 1}{4 \cdot 6} = \frac{22}{24} = \frac{11 \cdot 2}{12 \cdot 2} = \frac{11}{12}$$

となります.

(2)　掛け算と割り算が出てきていますが, 前から順番に計算していくと,

$$\frac{1}{6} \times \frac{3}{5} \div \frac{2}{15} = \frac{1 \cdot 3}{6 \cdot 5} \div \frac{2}{15} = \frac{1 \cdot 3 \cdot 15}{6 \cdot 5 \cdot 2}$$

$$= \frac{1 \cdot 3 \cdot 3 \cdot 5}{2 \cdot 3 \cdot 5 \cdot 2}$$

$$= \frac{1 \cdot 3}{2 \cdot 2}$$

$$= \frac{3}{4}$$

となります.

復習問題 1.1　次の計算をしましょう.

(1) $\dfrac{1}{3} + \dfrac{1}{4} + \dfrac{1}{5}$　　　(2) $\dfrac{2}{9} + \dfrac{1}{6} - \dfrac{1}{3}$　　　(3) $\dfrac{1}{3} + 1 - \dfrac{3}{4}$

(4) $\dfrac{3}{8} \times \dfrac{32}{15} \div \dfrac{5}{6}$　　　(5) $\dfrac{1}{5} + \dfrac{1}{2} \div \dfrac{3}{7}$　　　(6) $\dfrac{1}{2} \div 2 \div \dfrac{2}{3}$

　分数の足し算 (引き算) において, 分母が同じ場合を考えてみましょう. たとえば, $\dfrac{1}{5} + \dfrac{2}{5}$ です. これを, 分数の足し算の定義に従って計算すると,

$$\frac{1}{5} + \frac{2}{5} = \frac{1 \cdot 5 + 5 \cdot 2}{5 \cdot 5} = \frac{5(1+2)}{5 \cdot 5} = \frac{1+2}{5}$$

となります. このように, 分数の足し算 (引き算) において, 分母が同じ場合には, 分子を普通に足し算 (引き算) すればよいことがわかります. また, 分数の足し算 (引き算) において,

$$\frac{1}{4} + \frac{1}{6} = \frac{1 \cdot 3}{4 \cdot 3} + \frac{1 \cdot 2}{6 \cdot 2} = \frac{3}{12} + \frac{2}{12}$$

のように, 分母をそろえることを**通分**といいます. このようにしてしまえば, あとの計算は

$$\frac{1}{4} + \frac{1}{6} = \frac{3}{12} + \frac{2}{12} = \frac{3+2}{12} = \frac{5}{12}$$

と楽にできます. 実は, 分数の足し算 (引き算) の定義も

$$\frac{1}{4} + \frac{1}{6} = \frac{1 \cdot 6 + 4 \cdot 1}{4 \cdot 6} = \frac{6+4}{24} = \frac{6}{24} + \frac{4}{24}$$

のように, 通分をして分子を足し算 (引き算) した形になっています. この例では, 最後に約分をして, $\dfrac{5}{12}$ となります. 分数の足し算 (引き算) では,

　①：定義に従って計算する.

　②：通分をしてから, 分子を計算する.

という 2 つの方法が考えられますが, どちらも一長一短であり, どちらを用いてもよいでしょう.

　次に "分数の分数", すなわち,

$$\frac{\dfrac{1}{2}}{\dfrac{3}{4}}$$

のような数について考えましょう. このような数を**繁分数**といいます. これは
"割り算は分数", すなわち

$$a \div b = \frac{a}{b}$$

であることを考えれば,

$$\frac{\dfrac{1}{2}}{\dfrac{3}{4}} = \frac{1}{2} \div \frac{3}{4} = \frac{1 \cdot 4}{2 \cdot 3} = \frac{2}{3}$$

となります. または分数の性質を用いて,

$$\frac{\dfrac{1}{2}}{\dfrac{3}{4}} = \frac{\dfrac{1}{2} \times 4}{\dfrac{3}{4} \times 4} = \frac{\dfrac{2}{1}}{\dfrac{3}{1}} = \frac{2}{3}$$

のようにしてもよいでしょう.

復習問題 1.2　次の計算をしましょう.

$(1)\ \dfrac{\dfrac{3}{10}}{\dfrac{9}{2}}$
$\qquad (2)\ \dfrac{1+5}{\dfrac{9}{2}}$
$\qquad (3)\ \dfrac{\dfrac{2}{3}}{1-5}$
$\qquad (4)\ \dfrac{\dfrac{1}{2}+\dfrac{1}{3}}{\dfrac{9}{2} \div \dfrac{3}{5}}$

1.4　整式とその計算

　ここでは, 文字の入った式の取り扱い, 計算方法について説明します. 展開や
因数分解は基本的なテクニックですので, しっかりと身に付けてください.

（1）　整式

　$2a^2x$ のように, 文字と数を掛けてできる式を**単項式**といいます. $2a^2x$ は, 2
を1回, a を2回, x を1回掛けた式です. 数の部分を**係数**といい, 文字が掛け
られている個数を**次数**といいます. $2a^2x$ の係数は2で, 次数は3です. x^2 のよ
うなときは, $x^2 = 1 \times x^2$ とみて, 係数は1になります. 0以外の数は, 文字が0
回掛かっていると考えて, 次数は0になります. 0と文字を掛けた式は0と書
き, 次数については定まらないことにしておきます. 単項式をいくつか足した

り引いたりしたもの, たとえば,

$$5x^3 + 2a^2x^2 - 3a^2$$

などを**多項式**または**整式**といいます. 単項式はそれ自身整式になります. 整式を構成するそれぞれの単項式を**項**といい, 文字の部分が同じ項を**同類項**といいます. 同類項は数字の部分を足し算, 引き算することにより, 1 つの項にまとめることができます. たとえば,

$$5x^2 + 3x^2 - x^2 = (5 + 3 - 1)x^2 = 7x^2$$

のようになります. 項の中に 0 とそれ以外の項があるときは, 0 を書かないことにします. たとえば,

$$x^2 + x + 0 = x^2 + x$$

のようにします. 同類項をまとめたときに, 整式を構成している項の中でもっとも次数が高いものの次数を**整式の次数**といいます. また, 整式の次数が n のとき, その整式を **n 次の整式**または **n 次式**といいます. たとえば, $5x^3 + 2a^2x^2 + 3a^2$ の次数は 4 で, これは 4 次式となります. 整式の中で文字が含まれていない項を**定数項**といいます.

　整式において特定の文字○○に注目することがあります. このとき, その文字に注目していることを表すために, その整式を○○の整式と呼んだりします. ○○の整式においては, ○○以外の文字は数と同様の扱いをして, 次数や係数を決めます. ○○の整式の次数を**○○の次数**, 項の係数を**○○の係数**と呼んだりします. たとえば, $5x^3 + 2a^2x^2 + 3a^2$ の x の次数は 3, a の次数 2 となり, $2a^2x^2$ の x の係数は $2a^2$, a の係数は $2x^2$ となります.

　整式の足し算, 引き算は, それぞれの項を足し算, 引き算してまとめたものになります. たとえば, 2 つの整式を $A = 5x^2 + 3x + 1$, $B = 5x^2 - 1$ とすると,

$$A + B = (5 + 5)x^2 + 3x + (1 - 1) = 10x^2 + 3x$$
$$A - B = (5 - 5)x^2 + 3x + (1 - (-1)) = 3x + 2$$

となります. また数のときと同様に, 符号 "$-$" を付けた整式があります. これはそれぞれの項に符号 "$-$" を付けたものです. たとえば, 上の整式 A, B に

対し,

$$-A = -5x^2 - 3x - 1, \quad -B = -5x^2 - (-1) = -5x^2 + 1$$

です. しかしながら, 符号 "−" を付けたからといって, 負の整式になるというわけではありません. 符号 "−" を付けるのは, 数のときに $5 + (-5) = 0$ であったように, $A + (-A) = 0$ などが成り立つからです.

復習問題 1.3　整式 $A = x^2 + 2x + 3a$, $B = -2x^2 + a$ に対し, 次を計算しましょう.

(1) $A + B$　　　(2) $A - B$　　　(3) $A + A - B$　　　(4) $A + B - A$

(2)　整式の展開

整式の足し算や引き算は, 項ごとに計算することによりできました. では,

$$(x + 2a)(x - 3a) \qquad \left((x + 2a) \times (x - 3a) \text{ のこと}\right)$$

のような掛け算はどうでしょうか. これは, 次の**結合法則**, **交換法則**および**分配法則**と呼ばれるものを基本にして計算します.

公式 1.1

整式 A, B, C に対し, 次のことが成り立ちます.

(結合法則)　: $(A + B) + C = A + (B + C)$,　$(AB)C = A(BC)$

(交換法則)　: $A + B = B + A$,　$AB = BA$

(分配法則)　: $(A + B)C = AC + BC$,　$C(A + B) = CA + CB$

このことを用いて計算すると,

$$\begin{aligned}
(x + 2a)(x - 3a) &= x(x - 3a) + 2a(x - 3a) \\
&= x^2 - 3ax + 2ax - 6a^2 \\
&= x^2 - ax - 6a^2
\end{aligned}$$

となります. このように掛け算を計算することを**展開**といいます. また, 数のときと同様に, 整式 A, B に対し,

$$(-A)B = -AB, \quad (-A)(-B) = AB$$

などが成り立ちます.

復習問題 1.4 次の整式を展開しましょう.

(1) $(x+5)(x-2)$　　　　(2) $x(x+a)(x-a)$　　　　(3) $(x-1)(x^2+x+1)$

整式の展開においては, 次の展開公式がしばしば有効になります.

公式 1.2 (展開公式)

整式 a, b, c に対し, 次のことが成り立ちます.

(1) $(a+b)^2 = a^2 + 2ab + b^2$

(2) $(a-b)^2 = a^2 - 2ab + b^2$

(3) $(a+b)(a-b) = a^2 - b^2$

(4) $(a+b+c)^2 = a^2 + b^2 + c^2 + 2ab + 2bc + 2ca$

(5) $(a+b)^3 = a^3 + 3a^2b + 3ab^2 + b^3$

(6) $(a-b)^3 = a^3 - 3a^2b + 3ab^2 - b^3$

この証明は, 左辺を分配法則と交換法則を用いて展開してみると簡単にできます. では, (1) から証明していきましょう.

$$
\begin{aligned}
(1)\quad (a+b)^2 &= (a+b)(a+b) &&\leftarrow 2 乗を書き直した\\
&= (a+b)a + (a+b)b &&\leftarrow 分配法則\\
&= a^2 + ba + ab + b^2 &&\leftarrow 分配法則\\
&= a^2 + ab + ab + b^2 &&\leftarrow 交換法則\\
&= a^2 + 2ab + b^2 &&\leftarrow 同類項をまとめた
\end{aligned}
$$

$$
\begin{aligned}
(2)\quad (a-b)^2 &= (a+(-b))^2 &&\leftarrow 足し算に直した\\
&= a^2 + 2a(-b) + (-b)^2 &&\leftarrow (1) を用いた\\
&= a^2 - 2ab + b^2 &&\leftarrow 整理
\end{aligned}
$$

$$
\begin{aligned}
(3)\quad (a+b)(a-b) &= (a+b)a - (a+b)b &&\leftarrow 分配法則\\
&= a^2 + ba - ab - b^2 &&\leftarrow 分配法則\\
&= a^2 + ab - ab - b^2 &&\leftarrow 交換法則\\
&= a^2 - b^2 &&\leftarrow 同類項をまとめた
\end{aligned}
$$

$$
\begin{aligned}
(4)\quad (a+b+c)^2 &= (a+(b+c))^2 && \leftarrow b+c \text{ を 1 つとみる}\\
&= a^2 + 2a(b+c) + (b+c)^2 && \leftarrow (1)\text{ を用いた}\\
&= a^2 + 2ab + 2ac + b^2 + 2bc + c^2 && \leftarrow \text{分配法則と } (1)\\
&= a^2 + b^2 + c^2 + 2ab + 2bc + 2ca && \leftarrow \text{交換法則, 整理}
\end{aligned}
$$

$$
\begin{aligned}
(5)\quad (a+b)^3 &= (a+b)(a+b)^2 && \leftarrow 3 \text{ 乗を書き直した}\\
&= (a+b)(a^2+2ab+b^2) && \leftarrow (1)\text{ を用いた}\\
&= a(a^2+2ab+b^2) + b(a^2+2ab+b^2) && \leftarrow \text{分配法則}\\
&= a^3 + 2a^2 b + ab^2 + ba^2 + 2bab + b^3 && \leftarrow \text{分配法則}\\
&= a^3 + 2a^2 b + ab^2 + a^2 b + 2ab^2 + b^3 && \leftarrow \text{交換法則}\\
&= a^3 + 3a^2 b + 3ab^2 + b^3 && \leftarrow \text{同類項をまとめた}
\end{aligned}
$$

$$
\begin{aligned}
(6)\quad (a-b)^3 &= (a+(-b))^3 && \leftarrow \text{足し算に直した}\\
&= a^3 + 3a^2(-b) + 3a(-b)^2 + (-b)^3 && \leftarrow (5)\text{ を用いた}\\
&= a^3 - 3a^2 b + 3ab^2 - b^3 && \leftarrow \text{整理}
\end{aligned}
$$

復習問題 1.5　次の整式を展開しましょう.

(1) $(x+3)^2$　　　(2) $(2x-a)^2$　　　(3) $(x^2+x+1)^2$　　　(4) $(3x-2)^3$

（3）　整式の因数分解

　整式の展開の逆操作にあたるのが**因数分解**です. たとえば,

$$
x^2 - 1 = (x+1)(x-1)
$$

です. 因数分解はどの範囲の係数で因数分解するかによって結果が異なってくることがあります. たとえば, 整数係数においては,

$$
x^3 - x^2 - 2x + 1 = (x-1)(x^2-2)
$$

ですが, 実数係数では,

$$
x^3 - x^2 - 2x + 1 = (x-1)\big(x-\sqrt{2}\,\big)\big(x+\sqrt{2}\,\big)
$$

となります. 今後このテキストで, 整数係数の整式に対し, 単に "因数分解" という言葉を用いたときは, 整数係数での因数分解を考えることにします. 展開

は分配法則と交換法則を用いて機械的に計算していくことができましたが, 因数分解はそうはいきません. これには, 展開の公式を逆に利用したり, 因数定理を用いて行うことになります. まず, 因数分解でよく使われる公式を上げておきます.

公式 1.3

整式 a, b, c に対し, 次のことが成り立ちます.

(1) $a^3 - b^3 = (a - b)(a^2 + ab + b^2)$

(2) $a^3 + b^3 = (a + b)(a^2 - ab + b^2)$

(3) $a^3 + b^3 + c^3 - 3abc = (a + b + c)(a^2 + b^2 + c^2 - ab - bc - ca)$

公式 1.4

x の整式として, 次のことが成り立ちます.

(1) $x^2 + (a+b)x + ab = (x + a)(x + b)$

(2) $acx^2 + (ad + bc)x + bd = (ax + b)(cx + d)$

証明は右辺を展開することにより, 容易にできますので, 復習問題として残しておきます.

復習問題 1.6 公式 1.3 を証明しましょう.

復習問題 1.7 公式 1.4 を証明しましょう.

これらの公式および展開公式を用いて, 次の例題を考えていきましょう.

例題 1.2

次の整式を因数分解しましょう.

(1) $s^2 + 2s + 1 - t^2$ 　　(2) $x^2 - 5x + 4$ 　　(3) $2x^2 + 3x + 1$

---

(1) 因数分解をする際には, 公式を組み合わせて行いますが, 公式を用いる順番を間違えてしまうと計算できないことが多くあります. 次の 2 通りの方法をみてください.

(方法 1)

$$s^2 + 2s + 1 - t^2 = (s+1)^2 - t^2 \qquad \leftarrow \text{公式 1.2 (1) , p.11}$$
$$= (s+1-t)(s+1+t) \qquad \leftarrow \text{公式 1.2 (3)}$$
$$= (s-t+1)(s+t+1) \qquad \leftarrow (\ )\text{の中を整理}$$

この順番で公式を用いるとうまく因数分解されました. ところが,

(方法 2)

$$s^2 + 2s + 1 - t^2 = (s-t)(s+t) + 2s + 1 \qquad \leftarrow \text{公式 1.2 (3)}$$

とはじめに公式 1.2 の (3) を用いてしまうと, これ以上因数分解できなく
なってしまいます. このように因数分解を行うには, 試行錯誤を重ねる必
要があります.

(2) これは公式 1.4 の (1) を使って解きます. a, b として都合のよい数を見つ
ける必要があります. この場合,

$$a + b = -5, \quad ab = 4$$

となる整数 a, b を探すことになります. $ab = 4$ より

$$(a, b) = (\pm 1, \pm 4), (\pm 2, \pm 2) \qquad \text{(複号同順)}$$

の 4 通りしかありません. $a = -1, b = -4$ のみ $a + b = -5$ を満たす組
み合わせです. よって,

$$x^2 - 5x + 4 = (x-1)(x-4)$$

となります.

(3) これは公式 1.4 の (2) を使って解きます. この場合,

$$ac = 2, \quad ad + bc = 3, \quad bd = 1$$

となる整数 a, b, c, d を探すことになります. $a = 1, b = 1, c = 2, d = 1$
はそのような数です. よって,

$$2x^2 + 3x + 1 = (x+1)(2x+1)$$

となります.

復習問題 1.8 次の整式を因数分解しましょう.

(1) $s^4 - t^4$

(2) $s^2 + 2st + t^2 + 4s + 4t + 4$

(3) $x^2 + 5x + 6$

(4) $x^2 + x - 12$

(5) $2x^2 + 5x + 2$

(6) $3x^2 - 7x - 6$

次に **因数定理** を紹介します. 因数定理を使えば, 次数が高い整式を因数分解することができるようになることがあります. まず x の整式を,

$$P(x),\ Q(x)$$

などで表すことにしましょう. また, x にある実数 a を代入して得られる数を,

$$P(a),\ Q(a)$$

で表すことにします. このとき, 次の公式が成り立ちます.

公式 1.5 (因数定理)

$P(x)$ を x の整式とする. ある実数 (または整数) a に対し $P(a) = 0$ であれば, ある x の整式 $Q(x)$ が存在して,

$$P(x) = (x - a)Q(x)$$

となります.

この証明は, 省略しますが非常に便利ですので覚えておいてください (以下の例題 1.3 までの文章は数学的に難しいので読みとばしてもらっても結構です). この公式の中に出てくる $Q(x)$ は $P(x)$ を $x - a$ で割ったときの商と呼ばれるもので, この公式を用いるためにはこの商を計算する必要があります. そこで, 商と余りについて少し述べておきます.

整数の世界において, 17 を 3 で割ったときの商は 5, 余りは 2 でした. これらの数は,

$$17 = 3 \cdot 5 + 2,\ 0 \le 2 < 3$$

という関係で特徴付けされます. 一般に整数 $m, n\ (n \ne 0)$ に対し,

$$m = n \cdot q + r,\ 0 \le r < n$$

となるような整数 q, r が一意的に存在します. 実はこのような数 q, r のことをそれぞれ商, 余りと呼ぶのです. これとよく似たことが整式の世界でも成り立ちます. すなわち, x の整式 $F(x), G(x)$ $(G(x) \neq 0)$ に対し,

$$F(x) = G(x)Q(x) + R(x), \quad \deg R(x) < \deg G(x)$$

となるような x の整式 $Q(x), R(x)$ が一意的に存在します. ここに, $\deg R(x)$, $\deg G(x)$ はそれぞれ $R(x), G(x)$ の x に関する次数を表します. このようにして定まった $Q(x), R(x)$ をそれぞれ $F(x)$ を $G(x)$ で割ったときの**商, 余り**と呼びます. 余りが 0 のとき, "$F(x)$ は $G(x)$ で割り切れる" といいます. 因数定理はまさに $P(x)$ が $x - a$ で割り切れることを示しています. 実際に商や余りを求めるには, 数のときと同様に筆算を用いると簡単に計算できます. たとえば, $F(x) = x^4 + 2x^2 + x - 1$, $G(x) = x^2 + x + 2$ とすると, 筆算は

$$
\begin{array}{r}
x^2 - x + 1 \\
x^2 + x + 2 \,\overline{)\, x^4 \quad\ + 2x^2 + x\ - 1} \\
\underline{x^4 + x^3 + 2x^2 \qquad\qquad} \\
-x^3 \qquad\ + x \\
\underline{-x^3 - x^2 - 2x} \\
x^2 + 3x - 1 \\
\underline{x^2 + x + 2} \\
2x - 3
\end{array}
$$

となり, 商は $Q(x) = x^2 - x + 1$, 余りは $R(x) = 2x - 3$ となります.

　それでは因数分解の話に戻りましょう. 因数定理をみればわかるとおり, これにより因数分解のための第一歩が踏み出せるわけです. そして, 求まった商に対し再び因数定理⋯, これを繰り返して因数分解が完成します. しかし, 因数定理を用いるには $P(a) = 0$ となる a を知る必要があります. これは一般には非常に困難なことです. しかし, $P(x)$ が $(2x - 3)$ など整数係数の x の整式のときは, かなり容易になります. この場合, a としては,

$$\frac{\pm(\text{定数項の約数})}{\pm(\text{最高次の係数の約数})}$$

となる数の範囲で探すことになります. ここに, 最高次の係数とは次数がもっとも高いところの係数という意味です. このことは, 因数分解したものを展開

してみればわかります. 特に最高次の係数が 1 のときは, a は "±(定数項の約数)" の範囲で探せば十分です. それでは因数定理を用いて次の例題を解いてみましょう.

例題 1.3

次の整式を因数分解しましょう.

(1) $P(x) = x^3 - 4x^2 + 5x - 2$　　(2) $P(x) = x^4 + 3x^3 - 2x^2 - 3x + 1$

---

(1)　まず, $P(a) = 0$ となる a を探します. 最高次すなわち x^3 の係数が 1 なので, a の候補は ±2 の約数, すなわち, ±1, ±2 です. 今 1 を代入してみると, $P(1) = 0$ となることがわかります. したがって, 因数定理により, $P(x)$ は $x - 1$ で割り切れます. 筆算を用いると,

$$
\begin{array}{r}
x^2 - 3x + 2 \\
x - 1 \overline{)\; x^3 - 4x^2 + 5x - 2} \\
\underline{x^3 - x^2} \\
-3x^2 + 5x \\
\underline{-3x^2 + 3x} \\
2x - 2 \\
\underline{2x - 2} \\
0
\end{array}
$$

となるので, 商は $x^2 - 3x + 2$ です. ゆえに,

$$P(x) = (x - 1)(x^2 - 3x + 2)$$

となります. $x^2 - 3x + 2$ は因数定理を用いるまでもなく, 公式 1.4 (1) を用いて,

$$x^2 - 3x + 2 = (x - 1)(x - 2)$$

となります. よって, $P(x)$ を因数分解すると,

$$P(x) = (x - 1)(x - 1)(x - 2) = (x - 1)^2(x - 2)$$

となります.

(2)　(1) と同様に $P(a) = 0$ となる a を探すと, $a = \pm 1$ であることがわかります. したがって, 因数定理より, $P(x)$ は $x - 1$ でも $x + 1$ でも割り切れま

す. 1 回 1 回筆算をしていってもいいのですが, 今回はいっぺんにやって
しまいましょう. すなわち, $P(x)$ は $x-1$ でも $x+1$ でも割り切れるの
で, $(x-1)(x+1) = x^2 - 1$ で割り切れるはずです. 筆算をすると,

$$
\begin{array}{r}
x^2 + 3x - 1 \\
x^2 - 1 \overline{) x^4 + 3x^3 - 2x^2 - 3x + 1} \\
\underline{x^4 \qquad - x^2} \\
3x^3 - x^2 - 3x \\
\underline{3x^3 \qquad - 3x} \\
- x^2 \qquad + 1 \\
\underline{- x^2 \qquad + 1} \\
0
\end{array}
$$

となるので,

$$P(x) = (x-1)(x+1)(x^2 + 3x - 1)$$

となります. $x^2 + 3x - 1$ は ± 1 を代入しても 0 にならないので, 整数係
数ではこれ以上分解できません. したがって, 上の分解が $P(x)$ の因数分
解を与えることになります.

復習問題 1.9　次の式を因数分解しましょう.

(1) $P(x) = x^3 + 4x^2 - 7x - 10$　　　　(2) $P(x) = x^4 - 4x^3 - x^2 + 16x - 12$

1.5　有理式

　整式の掛け算については展開により求めることができました. では, 整式の
割り算についてはどうでしょうか. $1 \div 2$ が整数でなかったのと同様に, 割り算
した結果は必ずしも整式になりません. $1 \div 2 = \dfrac{1}{2}$ であったように, 割り算し
た結果は分母, 分子が整式の分数になります. たとえば,

$$(x+1) \div (x-1) = \frac{x+1}{x-1}$$

となります. 一般に分母, 分子が整式の分数は**有理式**と呼びます. 特に, 分母の
整式に文字が含まれているときは**分数式**と呼ばれます. 数のときと同様に, 整
式は分母が 1 の有理式とみなすことができます. 有理式の計算は数の分数の計

算とまったく同じようにできます. たとえば,

$$\frac{1}{x+1} + \frac{1}{x-1} = \frac{1 \times (x-1) + (x+1) \times 1}{(x+1)(x-1)} = \frac{2x}{(x+1)(x-1)}$$

となります. 繁分数についても同様です.

復習問題 1.10　次の計算をしましょう.

(1) $\dfrac{x+1}{x-1} - \dfrac{x-1}{x+1}$　　　　(2) $\dfrac{x+2}{x^2-1} \div \dfrac{x+2}{x+1}$　　　　(3) $\dfrac{\dfrac{1}{x-1} + \dfrac{1}{x+1}}{\dfrac{1}{x-1} - \dfrac{1}{x+1}}$

第 2 章

方程式

この章では, 方程式とその解きかたについて説明していきます. 方程式を解くことは一般的には難しいことですが, このテキストで扱っている方程式は基本的かつ重要な方程式なので, 確実に解けるようになってください.

2.1 方程式とその変形

方程式とはどのようなものなのでしょうか. 簡単にいうと, 2 つの数式 (整式や分数式など) が等号 "=" によって形式的に結ばれたものを**方程式**といいます. 特にある文字〇〇に注目しているときは〇〇の方程式と呼び, 注目している文字〇〇を**未知数**と呼びます. たとえば,

$$2x + 1 = x^2 + x - 1$$

は x の方程式で, 未知数は x です. しかし, これは等号で結ばれているにもかかわらず, x にどんな数を代入しても両辺が等しくなるわけではありません. "形式的に" と書いたのはこのためです. 上の方程式で両辺が等しくなるのは, 実は $x = -1, 2$ のときだけです. このように, 方程式において両辺が等しくなるような数を見つけることを**方程式を解く**といい, そのような数を**解**と呼びます.

2 つの数式が等号 "=" によって結ばれたものとしてはほかに**恒等式**と呼ばれるものがあります. これは数式として等しい, すなわち, すべての数について両辺が等しいときにこのように呼ばれます. 第 1 章で扱った展開公式などは恒等式です.

では, 実際に方程式が与えられたとき, それを解くにはどのようにしたらいい

のでしょうか. やみくもに数を代入していては効率的とはいえません. そこで方程式をまったく同じ解をもつ方程式に変形することを考えます. このような変形を**同値な変形**と呼び, 記号では "⇔" と書きます. 代表的な方程式の同値な変形としては次の2つが挙げられます.

(i) 方程式の両辺に同じ整式を足しても, 両辺から引いてもよい.

(ii) 方程式の両辺に0でない数を掛けても, 0でない数で割ってもよい.

これを方程式の**基本変形**と呼ぶことにします. このような同値な変形を用いて方程式をよい形に変えていくわけです. 最終的に

$$(未知数) = (未知数の入ってない式)$$

という形に変形すれば, 方程式が解けたことになります. 解はもちろん右辺の式になります. また,

$$(n次式) = 0$$

の形と同値な方程式を n 次方程式と呼び, n を方程式の次数といいます. n 次式というのは○○の方程式と考えているときの, 文字○○に注目した呼びかたです.

2.2 1次方程式

ここでは主に1次方程式の解法について説明します. 1次方程式は上に述べた基本変形を用いれば容易に解くことができます. それでは, 次の例題を考えてみましょう.

例題 2.1

1次方程式 $2x - 5 = 0$ を解きましょう.

この例題では, 未知数が x なので,

$$x = (x の入ってない式)$$

の形に変形することが最終目的になります. それは次のように変形していけば

簡単にできます.

$$2x - 5 = 0 \quad \Leftrightarrow \quad 2x - 5 + 5 = 0 + 5 \qquad \leftarrow 両辺に5を加える$$
$$\Leftrightarrow \quad 2x = 5$$
$$\Leftrightarrow \quad 2x \div 2 = 5 \div 2 \qquad \leftarrow 両辺を2で割る$$
$$\Leftrightarrow \quad x = \frac{5}{2}$$

よって,この方程式の解は $x = \dfrac{5}{2}$ です.

　上の例題において,$2x - 5 = 0$ は $2x = 5$ になりました.これは,左辺の -5 という項を右辺に符号を変えて移したことになっています.このように,左辺の項を右辺に,または,右辺の項を左辺に移すことを**移項**といいます.注意すべきことは,移項の際に**符号が変わる**ということです.では次に文字係数の1次方程式を解いてみましょう.

例題 2.2

x の方程式 $ax = b$ を解きましょう.

　未知数が x なので,a, b はなにかある数を表していると考えます.両辺を a で割ってやると,

$$x = \frac{b}{a}$$

となるので,これが解だとしたいのですが,そうは問屋が卸しません.方程式は 0 でない数で割ってもよかったのですが,0 のときはダメです.ですから今後,方程式をなにか文字で割るときは,それが 0 であるかそうでないかについて**場合分け**をしなければなりません.この例題では,a が 0 であるかそうでないかで場合分けが必要です.

- $a \neq 0$ のとき,方程式の両辺を a で割って,解は $x = \dfrac{b}{a}$ です.
- $a = 0$ のとき,方程式は,

$$0 \times x = b$$

となります.x に $1, \dfrac{1}{2}, 1000, -10$ など,任意の実数を代入しても左辺は 0 になります.ゆえに,$b = 0$ のときは,(左辺) $=$ (右辺) となり,任意の実数が解となります.逆に $b \neq 0$ のときは,(左辺) $\neq$ (右辺) となり,解は存在し

ないことになります.

以上のことをまとめると, 答えは次のようになります.

$$\begin{cases} a \neq 0 & \text{のとき,} \quad \text{解は } x = \dfrac{b}{a}. \\ a = 0,\ b = 0 \text{ のとき,} \quad \text{解は任意の実数.} \\ a = 0,\ b \neq 0 \text{ のとき,} \quad \text{解なし.} \end{cases}$$

　数学ではさまざまな場面において "場合分け" が必要になってきます. それは, 式の変形や議論を展開していく上で, 条件を設定しないとそれ以上の変形や議論が進まないからです. 例題 2.2 では a が 0 であるか, そうでないかで条件を設定して場合分けを行いました. これは, "実数が 0 では割り算ができない" という事実に基づいています. 例題で述べたことを今一度まとめておきましょう.

> 方程式の両辺に整式を掛けたり, 整式で割ったりするときは, それが 0 であるかそうでないかについて場合分けをする必要がある.

　今後, 方程式の式変形では, このことを常に念頭においてください.

　なお, 方程式の解が 1 つだけ定まることを「解が**一意 (的)** に決まる」といいます. 例題 2.2 の場合 $a \neq 0$ というのが, 方程式 $ax = b$ が一意的に解をもつための条件です.

復習問題 2.1　次の 1 次方程式を解きましょう.

(1) $3x + 4 = 1$　　　　(2) $2x + 4 = x + 3$　　　　(3) $3x + 1 = 2(1 - x)$

復習問題 2.2　次の方程式を x について解きましょう.

(1) $ax + 2 = 3$　　　　(2) $ax + 1 = x + a$　　　　(3) $ax - b = bx$

2.3　連立方程式

　2 つ以上の方程式が集まったものを連立方程式と呼びます. 集まったすべての方程式に共通な解を連立方程式の解といいます. この節では, 特に 2 元連立 1 次方程式と呼ばれるものを取り扱います. 2 元連立 1 次方程式とは, 未知数の

数が 2 つで, それぞれの方程式がその未知数に対して 1 次方程式になっている
もののことです. 連立 1 次方程式は**代入法**や**加減法**と呼ばれる解法を用いて解
くことができます. どちらの解法も "未知数の数を減らす" ということを目指
しています. それでは次の例題を用いて代入法, 加減法を説明していきます.

例題 2.3

次の連立方程式を解きましょう.

$$\begin{cases} 2x + y = 1 & \cdots\cdots \text{①} \\ 3x - 2y = -2 & \cdots\cdots \text{②} \end{cases}$$

まずは代入法で解いてみます. ① において $2x$ を右辺に移項すると,

$$y = -2x + 1 \quad \cdots\cdots \quad \text{①}'$$

です. これを ② に代入して,

$$3x - 2(-2x + 1) = -2 \quad \cdots\cdots \quad \text{②}'$$

となります. これは x の 1 次方程式すなわち未知数が 1 つ減ったことになり
ます. このようにして未知数を減らすことを代入法といいます. ②$'$を解くと,
$x = 0$ となります. 最後に $x = 0$ を①$'$に代入して, $y = 1$ になります. よって,
解は

$$x = 0, \quad y = 1$$

となります. ここでは①$'$に $x = 0$ を代入しましたが, ① や ② に代入して y
の 1 次方程式を解いてもかまいません.

　次に加減法で解いてみましょう. ① の両辺に 2 を掛けると,

$$4x + 2y = 2 \quad \cdots\cdots \quad \text{①}''$$

となります. 方程式の両辺に同じ整式を足してもよいので, ①$''$と ② の辺々
を足し合わせると, $2y$ が消去されて,

$$4x + 3x = 2 - 2$$

となります. この変形は "$2 \times$① $+$②" を考えたことになります. このように
して, 未知数を減らすことを加減法といいます. あとはこの 1 次方程式を解い

て, $x = 0$, これを ① (もしくは ②) に代入して, y の 1 次方程式を解くと, $y = 1$ となります.

当然ですが代入法と加減法のどちらを用いても解は同じになります. 代入法と加減法の違いは 1 次方程式を導くまでの過程にあります. どちらの解法を用いるかは, 皆さんの好みです. ただし, 問題によっては代入法を用いるほうが計算が楽な場合や, 逆に加減法のほうが楽な場合があるので, どちらの解法も習得しておくとよいでしょう.

復習問題 2.3 次の連立方程式を解きましょう.

$$(1) \begin{cases} y = 2x + 3 \\ 4x - y = 5 \end{cases} \qquad (2) \begin{cases} 3x - 2y = 4 \\ x + 2y = 4 \end{cases} \qquad (3) \begin{cases} 3x + 2y = 2 \\ 2x + 3y = 3 \end{cases}$$

例題 2.4

次の連立方程式を解きましょう.

$$(1) \begin{cases} y = 2x - 1 \\ 2x - y = -2 \end{cases} \qquad (2) \begin{cases} x - 2y = 1 \\ 2x - 4y = 2 \end{cases}$$

---

(1) $y = 2x - 1$ を $2x - y = -2$ に代入して, y を消去すると,

$$2x - (2x - 1) = 2 \quad \text{すなわち} \quad 0 = -3$$

となります. 当然, これを満たす x は存在しません. $0 \times x = -3$ と考えると理解しやすいかもしれません. x が存在しない以上 y も存在しません. よって, この連立方程式には解が存在しません.

(2) $x - 2y = 1$ において $2y$ を右辺に移項すると,

$$x = 2y + 1 \quad \cdots\cdots \quad ①$$

です. これを $2x - 4y = 2$ に代入して,

$$2(2y + 1) - 4y = 2 \quad \text{すなわち} \quad 2 = 2$$

となります. これを満たす y は任意の実数です ($0 \times y + 2 = 2$ と考える). 任意の実数を t で表すと, $y = t$ となります. このとき ① より,

$x = 2t + 1$ です. よって, この連立方程式の解は,

$$x = 2t + 1, \quad y = t \quad (t \text{ は任意の実数})$$

となります. この解に出てくる補助的な文字 t を **媒介変数 (パラメータ)** と呼び, このように解を表示することを媒介変数表示やパラメータ表示といいます.

　このように連立方程式には解が存在しなかったり, 無限に存在したりすることがあります. このことは, 方程式が表す図形をみることによって, 視覚的に捉えることができるようになります. 特に 2 元連立 1 次方程式は直線の交点と密接に関係しています. これについては, 4.2.3 節で取り扱います.

復習問題 2.4　次の連立方程式を解きましょう.

(1) $\begin{cases} 6x + 4y = 1 \\ 9x + 6y = -1 \end{cases}$　　　　　(2) $\begin{cases} 2x - 3y = 6 \\ -4x + 6y = -12 \end{cases}$

　文字を係数として含む連立方程式について考えましょう. 1 次方程式のときと同様に, 文字を係数として含んでいると, 場合分けが必要になってきます.

例題 2.5

次の連立方程式を解きましょう.

(1) $\begin{cases} x - ay = 0 \\ x + y = b \end{cases}$　　　　　(2) $\begin{cases} ax + by = 1 \\ bx + ay = -1 \end{cases}$

---

(1)　$x - ay = 0$ より, $x = ay$ だから, これを $x + y = b$ に代入して,

$$ay + y = b \quad \text{すなわち} \quad (a + 1)y = b$$

となります. これは文字係数の 1 次方程式だから, 例題 2.2 と同様に考えて解くことができます. $a + 1 = 0 \Leftrightarrow a = -1$ に注意して場合分けする

と, 答えは

$$\begin{cases} a \neq -1 & \text{のとき,} \quad \text{解は } y = \dfrac{b}{a+1}. \\ a = -1,\ b = 0 \text{ のとき,} \quad \text{解は } y = t \ (t \text{ は任意の実数}). \\ a = -1,\ b \neq 0 \text{ のとき,} \quad \text{解なし.} \end{cases}$$

となります. 次にそれぞれの場合について x を求めます.

- $a \neq -1$ のとき, $y = \dfrac{b}{a+1}$ を $x = ay$ に代入すると, $x = \dfrac{ab}{a+1}$ です.

- $a = -1,\ b = 0$ のとき, $a = -1$ より, $x = ay$ は $x = -y$ となります. これに $y = t$ を代入して, $x = -t$ となります.

- $a = -1,\ b \neq 0$ のとき, y が存在しないので, x も存在しません.

以上のことをまとめると, 次のように求まります.

$$\begin{cases} a \neq -1 & \text{のとき,} \quad \text{解は } x = \dfrac{ab}{a+1},\ y = \dfrac{b}{a+1}. \\ a = -1,\ b = 0 \text{ のとき,} \quad \text{解は } x = -t,\ y = t \ (t \text{ は任意の実数}). \\ a = -1,\ b \neq 0 \text{ のとき,} \quad \text{解なし.} \end{cases}$$

(2) この問題は未知数を消去する段階から場合分けが必要となってくるので少々厄介です. ですが, 場合分けをしっかり行えば, 必ず答えにたどり着くことができます. まずは代入法で考えてみましょう.

$$\begin{cases} ax + by = 1 & \cdots\cdots \ ① \\ bx + ay = -1 & \cdots\cdots \ ② \end{cases}$$

としておきます. ① より, $by = 1 - ax$ です. ここで単純に $y = \cdots$ と変形できないので, 場合分けが必要になります.

- $b \neq 0$ のとき, 両辺を b で割ることができて,

$$y = \frac{1 - ax}{b} \quad \cdots\cdots \ ①'$$

となります. これを ② に代入して,

$$bx + a \cdot \frac{1 - ax}{b} = -1 \quad \text{すなわち} \quad (a^2 - b^2)x = a + b$$

となります. これは x の1次方程式だから, 例題2.2と同様に考えて, 場合分けを行います.

○ $a^2 - b^2 = (a+b)(a-b) \neq 0$ すなわち $a \neq \pm b$ のとき, 両辺を $a^2 - b^2$ で割って,

$$x = \frac{a+b}{a^2 - b^2} = \frac{a+b}{(a+b)(a-b)} = \frac{1}{a-b}$$

となります. これを ①′ に代入して,

$$y = \frac{1}{b}\left(1 - a \cdot \frac{1}{a-b}\right) = \frac{1}{b} \cdot \frac{-b}{a-b} = -\frac{1}{a-b}$$

となります.

○ $a^2 - b^2 = 0, a + b = 0$ すなわち $a = -b$ のとき, 任意の実数 t を用いて $x = t$ と表せます. これを ①′ に代入して,

$$y = \frac{1 - at}{b} = \frac{1 + bt}{b} = t + \frac{1}{b}$$

となります.

○ $a^2 - b^2 = 0, a + b \neq 0$ すなわち $a = b$ のとき, x が存在しないので, y も存在しません.

• $b = 0$ のとき, もとの連立方程式は,

$$\begin{cases} ax = 1 \\ ay = -1 \end{cases}$$

となります. ここで再び場合分けが必要となります.

○ $a \neq 0$ のとき, それぞれの方程式の両辺を a で割って,

$$x = \frac{1}{a} = \frac{1}{a-b}, \quad y = -\frac{1}{a} = -\frac{1}{a-b}$$

となります.

○ $a = 0$ のとき, 連立方程式は,

$$\begin{cases} 0 = 1 \\ 0 = -1 \end{cases}$$

となってしまうので, これを満たすような x, y は存在しません.

以上のことをまとめると, 次のようになります.

$$
\begin{cases}
a \neq \pm b & \text{のとき, 解は } x = \dfrac{1}{a-b},\ y = -\dfrac{1}{a-b}. \\
a = -b,\ b \neq 0 \text{ のとき, 解は } x = t,\ y = t + \dfrac{1}{b}\ (t \text{ は任意の実数}). \\
a = b & \text{のとき, 解なし}.
\end{cases}
$$

次に加減法で考えてみましょう. "$a \times ① - b \times ②$" を考えると, y が消去されて,

$$(a^2 - b^2)x = a + b$$

となります.

- $a^2 - b^2 \neq 0$ すなわち $a \neq \pm b$ のとき, 上と同様に両辺を $a^2 - b^2$ で割って, $x = \dfrac{1}{a-b}$ となります. ここで, 今度は "$a \times ② - b \times ①$" を考えると, x が消去されて,

$$(a^2 - b^2)y = -(a + b)$$

  となります. $a^2 - b^2$ で割ることにより, $y = -\dfrac{1}{a-b}$ を得ます.

- $a^2 - b^2 = 0,\ a + b = 0$ すなわち $a = -b$ のとき, もとの方程式はどちらも

$$-bx + by = 1 \quad \text{すなわち} \quad by = bx + 1$$

  となります. ここで再び場合分けです.

  ○ $b \neq 0$ のとき, 両辺を b で割って $y = x + \dfrac{1}{b}$ となります. ゆえに, t を任意の実数とし $x = t$ と表せば, $y = t + \dfrac{1}{b}$ を得ます.

  ○ $b = 0$ のとき (このとき $a = b$ である), $0 = 1$ という式になるので, 解は存在しないことになります.

- $a^2 - b^2 = 0,\ a + b \neq 0$ すなわち $a = b$ のとき, x が存在しないので, y も存在しなくなります.

これで加減法でも連立方程式が解けたことになります. もちろん代入法と同じ結果になります.

復習問題 2.5　次の x, y の連立方程式が一意的に解をもつための条件を求め，そのときの解を求めましょう．

(1) $\begin{cases} ax + y = 2 \\ 2x - y = 1 \end{cases}$
(2) $\begin{cases} x + ay = 1 \\ ax + y = 2 \end{cases}$
(3) $\begin{cases} ax + by = 1 \\ bx + ay = 2 \end{cases}$

復習問題 2.6　次の x, y の連立方程式を解きましょう．

(1) $\begin{cases} ax + 2y = 1 \\ 2x + y = a \end{cases}$
(2) $\begin{cases} ax + y = 1 \\ x + ay = 1 \end{cases}$
(3) $\begin{cases} ax - y = -1 \\ x + by = b \end{cases}$

2.4　2 次方程式

（1）　2 次方程式の解法

今まで考えてきた方程式はどれも未知数について 1 次式すなわち 1 次方程式でした．この節では，x^2 のような 2 次の項が含まれている 2 次方程式を扱います．2 次方程式を解くには次の実数の性質を使うことになります．

（ i ）　負でない実数 a に対し，$x^2 = a$ となる負でない実数 x が
ただ 1 つ存在する．

（ii）　負の実数 a に対し，$x^2 = a$ となる実数 x は存在しない．

これにより定まる実数を $\sqrt{a}$ で表します．$\sqrt{}$ は「ルート」と読みます．では次の例題で 2 次方程式の解きかたをみていきましょう．

例題 2.6

次の 2 次方程式を解きましょう．

(1) $x^2 - 5 = 0$
(2) $x^2 + x - 1 = 0$
(3) $x^2 - 3x - 4 = 0$

---

(1)　左辺の 5 を移項して，

$$x^2 = 5$$

となります．ここで上に述べた実数の性質を使うと，$5 \geq 0$ だから，$x = \sqrt{5}$

が 1 つの解であることがわかります. また,

$$(-\sqrt{5})^2 = (\sqrt{5})^2 = 5$$

となるので, $x = -\sqrt{5}$ も 1 つ解になります. 実は 2 次方程式の解はたかだか 2 つであることが知られています. このことを用いると, $x = \pm\sqrt{5}$ が求める解であることがわかります. このことは,

$$x^2 = 5 \quad \Leftrightarrow \quad x = \pm\sqrt{5}$$

であることを意味しています. これが 2 次方程式を解くための同値な変形です. また, $\pm\sqrt{5}$ を 5 の**平方根**と呼び, 左式 $x^2 = 5$ を右式 $x = \pm\sqrt{5}$ に変形することを**平方根をとる**といいます.

(2)　この問題では (1) のように

$$x^2 = (\,x\,\text{の入っていない式}\,)$$

と変形するのは困難です. ですが,

$$(\,x\,\text{の 1 次式}\,)^2 = (\,x\,\text{の入っていない式}\,)$$

と変形することができれば, 平方根をとることにより, x の 1 次式に帰着され解くことができます. このように変形するには展開公式 (公式 1.2) をうまく利用します. この問題では,

$$\left(x + \frac{1}{2}\right)^2 = x^2 + x + \frac{1}{4}$$

を用います. 左辺を変形すると,

$$
\begin{aligned}
x^2 + x - 1 &= x^2 + x + \frac{1}{4} - \frac{1}{4} - 1 \\
&= \left(x^2 + x + \frac{1}{4}\right) - \frac{5}{4} \\
&= \left(x + \frac{1}{2}\right)^2 - \frac{5}{4}
\end{aligned}
$$

となります. 定数項をうまく操作してやることがポイントです. このように変形することを**平方完成**と呼びます. 平方完成は 4.3 節で 2 次関数を考えるとき重要になってきます. さて, 平方完成ができれば, もとの方程

式は，

$$\left(x+\frac{1}{2}\right)^2 - \frac{5}{4} = 0$$

となります．$\frac{5}{4}$ を移項して，

$$\left(x+\frac{1}{2}\right)^2 = \frac{5}{4}$$

です．ここで平方根をとることにより，

$$x+\frac{1}{2} = \pm\sqrt{\frac{5}{4}} = \pm\frac{\sqrt{5}}{\sqrt{4}} = \pm\frac{\sqrt{5}}{2}$$

となります．したがって，$\frac{1}{2}$ を移項することにより，解は，

$$x = -\frac{1}{2} \pm \frac{\sqrt{5}}{2} = \frac{-1\pm\sqrt{5}}{2}$$

となります．

(3)　この問題も (2) と同様に平方完成をして解くこともできますが，ここでは因数分解を使った方法を紹介します．左辺をよくみると，

$$x^2 - 3x - 4 = (x-4)(x+1)$$

と因数分解できることがわかります．ゆえに，もとの方程式は，

$$(x-4)(x+1) = 0$$

となります．ここで，次の実数の性質を使います．

　　　"2つの数を掛けて0ならば，2つの数のどちらかは0である."

この性質を用いると，

$$(x-4)(x+1) = 0 \quad \Leftrightarrow \quad x-4=0 \text{ または } x+1=0$$

であることがわかります．したがって，$x = 4, -1$ が解となります．この因数分解を用いた方法は，2次方程式ばかりでなく，もっと一般の方程式に対しても有効であることを注意しておきます．

復習問題 2.7 次の2次方程式を解きましょう.

(1) $x^2 - 6x + 8 = 0$ (2) $x^2 - 8x + 15 = 0$ (3) $x^2 + x - 56 = 0$

(4) $4x^2 - 4x - 3 = 0$ (5) $3x^2 + 17x + 10 = 0$ (6) $5x^2 + 11x - 12 = 0$

2次方程式の解法として, 平方完成や因数分解を用いた方法を紹介しました. 因数分解を用いた方法は計算が楽なのですが, いつも因数分解が容易に行えるとは限りません. そのようなときは平方完成を用いた方法を使うのですが, 毎回平方完成を考えるのは面倒です. そこで一般の2次方程式に対し, その解を求めて, それを公式としてまとめておきましょう.

例題 2.7

2次方程式 $ax^2 + bx + c = 0$ $(a \neq 0)$ を解きましょう.

まず $a = 0$ であれば上の方程式は2次方程式でなくなってしまうので, $a \neq 0$ という条件がついています. ゆえに, a で割ることができる, すなわち, 分母に a が表れてもかまわないことを注意しておきます. 左辺を平方完成するために, まず a で括って,

$$ax^2 + bx + c = a\left(x^2 + \frac{b}{a}x\right) + c \quad \cdots\cdots \quad \text{①}$$

とします. 次に,

$$(x + \Box)^2 = x^2 + \frac{b}{a}x + \cdots$$

となるように, □ の中に入る数式を探します. $\frac{b}{2a}$ を考えると,

$$\left(x + \frac{b}{2a}\right)^2 = x^2 + \frac{b}{a}x + \frac{b^2}{4a^2}$$

となり, うまくいきます. このことを用いると,

$$x^2 + \frac{b}{a}x = x^2 + \frac{b}{a}x + \frac{b^2}{4a^2} - \frac{b^2}{4a^2} = \left(x + \frac{b}{2a}\right)^2 - \frac{b^2}{4a^2}$$

と変形できます. よって, これを ① に代入すると,

$$ax^2 + bx + c = a\left\{\left(x + \frac{b}{2a}\right)^2 - \frac{b^2}{4a^2}\right\} + c$$
$$= a\left(x + \frac{b}{2a}\right)^2 - \frac{b^2}{4a} + c$$
$$= a\left(x + \frac{b}{2a}\right)^2 - \frac{b^2 - 4ac}{4a}$$

と平方完成できます. したがって, 方程式は

$$a\left(x + \frac{b}{2a}\right)^2 - \frac{b^2 - 4ac}{4a} = 0$$

となります. $\dfrac{b^2 - 4ac}{4a^2}$ を移項して, 両辺を a で割ると,

$$\left(x + \frac{b}{2a}\right)^2 = \frac{b^2 - 4ac}{4a^2}$$

です. あとは平方根をとればいいのですが, 右辺が文字式であることに注意してください. すなわち場合分けが必要です. $4a^2 > 0$ に注意すると,

- $\dfrac{b^2 - 4ac}{4a^2} \geq 0$ すなわち $b^2 - 4ac \geq 0$ のとき, 平方根をとることにより,

$$x + \frac{b}{2a} = \pm\sqrt{\frac{b^2 - 4ac}{4a^2}} = \pm\frac{\sqrt{b^2 - 4ac}}{2a}$$

です. よって, $\dfrac{b}{2a}$ を移項して, 解は

$$x = -\frac{b}{2a} \pm \frac{\sqrt{b^2 - 4ac}}{2a} = \frac{-b \pm \sqrt{b^2 - 4ac}}{2a}$$

となります.

- $\dfrac{b^2 - 4ac}{4a^2} < 0$ すなわち $b^2 - 4ac < 0$ のとき, p.30 で述べた実数の性質 (ii) より, 解は存在しません. 実は複素数というものを考えると, 解が存在することになるのですが, これについてはこのテキストの範囲を超える内容なので触れないことにします. ですから, ここでは "実数解は存在しない" と書くことにします. 今後, 解が実数であることを強調するときは "実数解" と表記します.

以上のことをまとめると,

$$\begin{cases} b^2 - 4ac \geq 0 \text{ のとき,} & \text{解は } x = \dfrac{-b \pm \sqrt{b^2 - 4ac}}{2a}. \\ b^2 - 4ac < 0 \text{ のとき,} & \text{実数解なし.} \end{cases}$$

上の例題より, 一般の2次方程式を解くことができました. そこでもう少し詳しく, 解の個数について調べてみましょう. $b^2 - 4ac$ は2次方程式の**判別式**と呼ばれ, $D = b^2 - 4ac$ と D で表します. 上の例題で述べたことから,

$$\begin{cases} D \geq 0 \text{ のとき,} & \text{解は } x = \dfrac{-b \pm \sqrt{b^2 - 4ac}}{2a}. \\ D < 0 \text{ のとき,} & \text{実数解なし.} \end{cases}$$

がわかりました. ここで $D > 0$ の場合は,

$$\frac{-b + \sqrt{b^2 - 4ac}}{2a} \neq \frac{-b - \sqrt{b^2 - 4ac}}{2a}$$

だから, 相異なる2つの実数解をもつことになります. $D = 0$ の場合は, $\sqrt{b^2 - 4ac} = 0$ となるので, $x = -\dfrac{b}{2a}$ が唯一の解になります. このとき,

$$\frac{-b + \sqrt{b^2 - 4ac}}{2a} = \frac{-b - \sqrt{b^2 - 4ac}}{2a}$$

となるので, **重解**と呼ばれます. 以上のことを**2次方程式の解の公式**としてまとめておきます.

公式 2.1 (2次方程式の解の公式)

2次方程式 $ax^2 + bx + c = 0$ $(a \neq 0)$ は,

$D > 0$ のとき, 相異なる2つの実数解 $x = \dfrac{-b \pm \sqrt{b^2 - 4ac}}{2a}$ をもつ,

$D = 0$ のとき, 重解 $x = -\dfrac{b}{2a}$ をもつ,

$D < 0$ のとき, 実数解なし,

となる. ここに $D = b^2 - 4ac$ である.

このように判別式 D の値により, 実数解の存在およびその個数を判定することができます. このことは2次関数のグラフを考えると, よりいっそう理解が深まります. 2次関数のグラフについては, 4.3節を参考にしてください.

復習問題 2.8　次の 2 次方程式が実数解をもつか判断し, 実数解をもつならば
その解を求めましょう.

(1) $2x^2 - 4x + 5 = 0$　　(2) $3x^2 + 2x - 1 = 0$　　(3) $x^2 + 8x + 19 = 0$

(4) $2x^2 + 8x + 8 = 0$　　(5) $5x^2 + 5x - 6 = 0$　　(6) $4x^2 + 7x + 2 = 0$

（2）　解と係数の関係

ここでは 2 次方程式の解と係数の関係を説明します. 2 次方程式

$$ax^2 + bx + c = 0$$

が 2 つの実数解 α, β をもつとします. このとき, 2 次方程式の係数 a, b, c と,
その解 α, β の間には次のような関係が成り立ちます.

$$\alpha + \beta = -\frac{b}{a}, \quad \alpha\beta = \frac{c}{a}$$

ここで, $\alpha = \beta$ であってもかまいません. これは次のように考えて理解できま
す. $ax^2 + bx + c = 0$ が解 α, β をもつとき, 因数定理により, $ax^2 + bx + c$ は
$(x - \alpha)(x - \beta)$ で割り切れます. すなわち,

$$ax^2 + bx + c = \gamma(x - \alpha)(x - \beta) \quad \cdots\cdots \quad ①$$

となるような実数 γ が存在します. 右辺を展開して,

$$ax^2 + bx + c = \gamma x^2 - \gamma(\alpha + \beta)x + \gamma\alpha\beta$$

となります. この式が恒等式として成り立つので, 係数を比較して,

$$a = \gamma, \quad b = -\gamma(\alpha + \beta), \quad c = \gamma\alpha\beta$$

すなわち,

$$\alpha + \beta = -\frac{b}{a}, \quad \alpha\beta = \frac{c}{a}$$

となります. また, $\gamma = a$ を ① 式に代入して,

$$ax^2 + bx + c = a(x - \alpha)(x - \beta)$$

を得ます. 以上のことを公式としてまとめておきます.

公式 2.2 (解と係数の関係)

2 次方程式 $ax^2 + bx + c = 0$ の 2 つの解を α, β とすると,

$$\alpha + \beta = -\frac{b}{a}, \quad \alpha\beta = \frac{c}{a}$$

および,

$$ax^2 + bx + c = a(x - \alpha)(x - \beta)$$

が成り立ちます.

このことを逆に利用すれば, 2 次方程式 $ax^2 + bx + c = 0$ の解により, $ax^2 + bx + c$ を (実数係数で) 因数分解することができます.

復習問題 2.9 次の式を実数係数で因数分解しましょう.

(1) $x^2 + 3x + 1$ (2) $x^2 + 4x + 2$ (3) $2x^2 + 5x + 1$

2.5 さまざまな方程式

これまでに 1 次方程式, 連立 1 次方程式, 2 次方程式の解法を学んできました. それらの解法の中に現れてきたさまざまな方法は, 決してこれまでに学んだ方程式を解くだけのためにあるわけではありません. より複雑な方程式も, これまでに学んだ方法を組み合わせることで解けることがあります. この節ではいくつかの例をみていくことにしましょう.

例題 2.8

次の方程式を解きましょう.

(1) $x^3 + 2x^2 - 2x - 1 = 0$ (2) $\begin{cases} xy + 2x + y = 0 \\ y = x - 3 \end{cases}$

(1) 3 次以上の項が含まれる方程式を解くことは一般には非常に困難です. しかし, 因数分解ができるときは, 方程式の次数を下げることができるので, 解くことができる場合があります. この問題の場合, 因数分解を用いて解くことができます. 実際, 左辺に $x = 1$ を代入すると 0 になるので, p.15 で述べた因数定理により, 左辺は $x - 1$ で割り切れます. そこで筆算を用

いて実際に因数分解してみると，この方程式は，

$$(x-1)(x^2+3x+1) = 0$$

となります．例題 2.6 (3) で述べたように，実数の性質を用いると，

$$x-1=0 \quad \text{または} \quad x^2+3x+1=0$$

と変形できます．前の式からは $x=1$ が出てきます．うしろの式はどうでしょう．これは 2 次方程式の解の公式を用いることにすると，

$$x^2+3x+1=0 \quad \Leftrightarrow \quad x=\frac{-3\pm\sqrt{5}}{2}$$

となります．これから問題の方程式の解は，

$$x = 1, \frac{-3\pm\sqrt{5}}{2}$$

となります．

(2) この問題は 2 つの方程式が連立されています．今までの連立方程式と違って，2 次の項 xy が出てきています．しかし，連立方程式の基本は代入です．まず下の式を上の式に代入して y を消去してみましょう．

$$x(x-3)+2x+(x-3) = 0$$

この式を展開して同類項をまとめると，

$$x^2-3 = 0$$

となります．これは 2 次方程式ですが，解の公式を使うまでもなく，

$$x = \pm\sqrt{3}$$

となります．これを $y=x-3$ に代入して y を求めることにより，この連立方程式の解は，

$$\begin{cases} x=\sqrt{3} \\ y=\sqrt{3}-3 \end{cases} \quad \text{または} \quad \begin{cases} x=-\sqrt{3} \\ y=-\sqrt{3}-3 \end{cases}$$

となります．まとめて書くと，

$$\begin{cases} x=\pm\sqrt{3} \\ y=\pm\sqrt{3}-3 \end{cases} \quad \text{(複号同順)}$$

となります.

復習問題 2.10 次の方程式を解きましょう.

(1) $x^3 + 3x^2 + x - 1 = 0$

(2) $\begin{cases} x + y = 4 \\ xy = 3 \end{cases}$

第 3 章

不等式

この章では, 不等式とその解きかたについて説明していきます. 不等式は方程式と似ていますが, その取り扱いは方程式より慎重に行う必要があります. ここでその方法をしっかりと身に付けてください.

3.1 不等式とその変形

方程式や恒等式が等号 "=" により結ばれていたのに対して, **不等式**は 2 つの数式が不等号と呼ばれる記号で形式的に結ばれたものです. 不等号には次の 4 種類,

$$<, \ >, \ \leq, \ \geq$$

があります. これらの記号の意味は次のとおりです.

記号	読み方	意味
$<$	しょうなり	左辺は右辺より小さい
$>$	だいなり	左辺は右辺より大きい
$\leq$	しょうなりイコール	左辺は右辺以下
$\geq$	だいなりイコール	左辺は右辺以上

"より" というのは等号の場合を含んでいないことを注意しておきます. "$\leqq$", "$\geqq$" という記号が使われることがありますが, これらはそれぞれ "$\leq$", "$\geq$" と同じ意味です.

不等式は方程式の等号が不等号に変わったものですから, その取り扱いは方程式と非常に似ています. ○○の不等式, 未知数, 不等式を解く, 解, n 次不等式などの言葉は方程式のときと同様の意味で使います. 方程式と取り扱いが異なるのは式の変形のところです. また, そこが間違いやすいポイントでもあります. 不等式の基本変形としては次の3つが挙げられます.

(ⅰ) 不等式の両辺に同じ整式を足しても引いても不等号は変わらない.

(ⅱ) 不等式の両辺に正の数を掛けても, 正の数で割っても不等号は変わらない.

(ⅲ) 不等式の両辺に負の数を掛けたり, 負の数で割ったりすると不等号の向きが変わる.

不等号の向きが変わるというのは, 読んで字のごとくです. すなわち, 次の矢印で結ばれた不等号同士が入れ換わるということです.

$$< \ \leftrightarrow \ >, \quad \leq \ \leftrightarrow \ \geq$$

基本変形の妥当性は, 実数の同様の性質から理解できます. 実数の2と4を例に考えてみましょう. 2は4より小さいので,

$$2 < 4$$

です. この両辺に3を足すと, 左辺は5, 右辺は7になります. 5は7より小さいので,

$$5 < 7$$

となり, 不等号の向きは変わりません. 同様に, 正の数2を掛けても,

$$4 < 8$$

となるので, 不等号の向きは変わりません. しかし, 負の数 -1 を掛けると, 左辺は -2, 右辺は -4 となり, -2 は -4 より大きいので,

$$-2 > -4$$

と不等号の向きが変わってしまいます.

3.2 1次不等式

ここでは1次不等式の解法について説明します. 1次不等式は先に述べた不等式の基本変形だけで解くことができます.

例題 3.1

次の1次不等式を解きましょう.

(1) $2x + 4 < -x + 1$ (2) $x + 5 \geq 4x - 7$

---

(1) 基本変形を用いて, 次のように不等式を変形していきます.

$$
\begin{aligned}
2x + 4 < -x + 1 \quad &\Leftrightarrow \quad 2x + x + 4 < -x + x + 1 \quad &\leftarrow x \text{ を加える} \\
&\Leftrightarrow \quad 3x + 4 < 1 \quad &\leftarrow \text{両辺を整理} \\
&\Leftrightarrow \quad 3x + 4 - 4 < 1 - 4 \quad &\leftarrow -4 \text{ を加える} \\
&\Leftrightarrow \quad 3x < -3 \quad &\leftarrow \text{両辺を整理} \\
&\Leftrightarrow \quad x < -1 \quad &\leftarrow 3 \text{ で割る}
\end{aligned}
$$

よって, この不等式の解は $x < -1$ です.

(2) この問題も同様にして解きます.

$$
\begin{aligned}
x + 5 \geq 4x - 7 \quad &\Leftrightarrow \quad x - 4x + 5 \geq 4x - 4x - 7 \quad &\leftarrow -4x \text{ を加える} \\
&\Leftrightarrow \quad -3x + 5 \geq -7 \quad &\leftarrow \text{両辺を整理} \\
&\Leftrightarrow \quad -3x + 5 - 5 \geq -7 - 5 \quad &\leftarrow -5 \text{ を加える} \\
&\Leftrightarrow \quad -3x \geq -12 \quad &\leftarrow \text{両辺を整理} \\
&\Leftrightarrow \quad x \leq 4 \quad &\leftarrow -3 \text{ で割る}
\end{aligned}
$$

この問題では最後に -3 で割っているため, 不等号の向きが変わっています.

　答えをみてもらえばわかるとおり, 不等式の解は, 不等号を等号に変えたときにできる方程式の解と関連しています. すなわち, 方程式を解くために使われたテクニックは, 不等式を解く際にも必要となってくることがよくあります.

復習問題 3.1 次の1次不等式を解きましょう.

(1) $3x + 7 \leq 2x$ (2) $4x + 5 > 2x + 3$ (3) $2x - 3 < 3x + 1$

3.3 連立不等式

　方程式のときと同様に, 2つ以上の不等式が集まったものを**連立不等式**と呼びます. 集まったすべての不等式に共通な解を連立不等式の解と呼びます. ここでは1元連立1次方程式というものを扱います. これは未知数が1つで, それぞれの不等式が未知数に関して1次不等式になっているもののことです. 未知数が2つ以上現れてくるような不等式は図形的にみると理解しやすくなるので, 4.9節において説明します. 連立方程式では未知数が2つあったために代入法や加減法といった方法を用いました. しかし, この節で扱う連立不等式ではそれらの方法は必要ありません. 不等式の基本変形を用いて解くことができます. それでは次の例題をみていきましょう.

例題 3.2

次の連立不等式を解きましょう.

$$(1) \begin{cases} 3x + 2 < x + 6 \\ x + 3 \leq 2x + 5 \end{cases} \qquad (2) \begin{cases} 4x + 5 \leq x + 5 \\ x + 2 \leq 3x - 8 \end{cases}$$

---

(1)　このような問題では, 上の式と下の式を1次不等式とみなして独立に解きます. まず上の不等式を解いてみると,

$$3x + 2 < x + 6 \quad \Leftrightarrow \quad 2x < 4$$
$$\Leftrightarrow \quad x < 2$$

となります. 次に下の不等式を解いて,

$$x + 3 \leq 2x + 5 \quad \Leftrightarrow \quad -x \leq 2$$
$$\Leftrightarrow \quad x \geq -2$$

となります. これらを合わせて, x は2より小さく -2 以上の数であることがわかります. これを数式で表して,

$$-2 \leq x < 2$$

がこの連立不等式の解です.

(2)　これも上の式と下の式をそれぞれ解いてみます. 上の式は,

$$4x + 5 \leq x + 5 \quad \Leftrightarrow \quad 3x \leq 0$$
$$\Leftrightarrow \quad x \leq 0$$

となります. また, 下の式は,

$$x + 2 \leq 3x - 8 \quad \Leftrightarrow \quad -2x \leq -10$$
$$\Leftrightarrow \quad x \geq 5$$

となります. ところが, 0 以下で 5 以上の数は存在しないので, この連立不等式には解が存在しません.

復習問題 3.2　次の連立不等式を解きましょう.

(1) $\begin{cases} 2x + 4 < x + 5 \\ 4x + 3 > x - 3 \end{cases}$
　　　(2) $\begin{cases} x + 3 \geq 5 \\ 3x + 3 \leq x + 7 \end{cases}$

3.4　2 次不等式

ここでは, x^2 などの 2 次の項が含まれている **2 次不等式** を扱います. 未知数が x の 2 次不等式は, 基本変形により,

$$ax^2 + bx + c < 0 \quad (a, b, c \text{ は実定数で, } a > 0)$$

という形に変形できます. これを 2 次不等式の **基本形** と呼びます. ただし, 不等号の "<" は ">", "$\leq$", "$\geq$" でもかまいません. 2 次不等式は基本形に直すと考えやすくなります. 2 次不等式を解くには, 2 次方程式の解の公式や因数分解を巧みに使って解くことになります. それでは次の例題を用いて 2 次不等式の解法を説明します.

例題 3.3

次の 2 次不等式を解きましょう.

(1) $2x^2 - 2x - 2 < x^2 + 1$　　　(2) $x^2 + 2x - 1 > 0$

---

(1)　まず 2 次不等式の基本形に直すことから始めましょう. 右辺の項をすべて

左辺に移項することにより,

$$2x^2 - 2x - 2 < x^2 + 1 \quad \Leftrightarrow \quad x^2 - 2x - 3 < 0$$

となります. この不等式の左辺は因数分解することができ,

$$(x-3)(x+1) < 0$$

となります. ここからが2次方程式のときとは違っています. 2つの実数 a, b の積 ab が負の数であるのは, a, b がどのような数のときでしょうか. $a > 0$ としましょう. このとき ab が負であるためには $b < 0$ でなくては なりません. 逆に $a < 0$ のときには $b > 0$ となります. a と b が異符号で あればよいことになります. これをまとめると,

$$ab < 0 \quad \Leftrightarrow \quad \begin{cases} ①: a > 0 \text{ かつ } b < 0 \\ \text{または,} \\ ②: a < 0 \text{ かつ } b > 0 \end{cases}$$

となります. これを用いて上の2次不等式は,

$$(x-3)(x+1) < 0 \quad \Leftrightarrow \quad \begin{cases} ①: x-3 > 0 \text{ かつ } x+1 < 0 \\ \text{または,} \\ ②: x-3 < 0 \text{ かつ } x+1 > 0 \end{cases}$$

となります. ①, ② はそれぞれ連立不等式になっているので, 解いてみる と, ① の条件を満たす x は存在しないことがわかります. ② を解くと,

$$-1 < x < 3$$

となります. これがこの2次不等式の解です.

(2) この2次不等式ははじめから基本形になっていますが, 因数分解は簡単に できません. これを因数分解するために, 2次方程式の解の公式を使った 方法を用います. 2次方程式

$$x^2 + 2x - 1 = 0$$

の解は, $x = -1 \pm \sqrt{2}$ です. これを用いれば, 問題の不等式の左辺は因数

分解でき,

$$\left(x+1+\sqrt{2}\,\right)\left(x+1-\sqrt{2}\,\right)>0$$

と変形できるわけです. ここで問題 (1) のときと同様に考えてみましょ
う. $ab>0$ であるための a,b の条件を求めます. $a>0$ のときには $b>0$,
$a<0$ のときには $b<0$ であればよいことがわかります. これをまとめて,

$$ab>0 \quad \Leftrightarrow \quad \begin{cases} ③ : a>0 \text{ かつ } b>0 \\ \text{または} \\ ④ : a<0 \text{ かつ } b<0 \end{cases}$$

となります. これを用いて 2 次不等式の条件は,

$$\left(x+1+\sqrt{2}\,\right)\left(x+1-\sqrt{2}\,\right)>0$$
$$\Leftrightarrow \begin{cases} ③ : x+1-\sqrt{2}>0 \text{ かつ } x+1+\sqrt{2}>0 \\ \text{または} \\ ④ : x+1-\sqrt{2}<0 \text{ かつ } x+1+\sqrt{2}<0 \end{cases}$$

となるわけで. ③ , ④ をそれぞれ連立不等式とみて解くと, ③ から
$x>-1+\sqrt{2}$ が, ④ から $x<-1-\sqrt{2}$ がでてきます. 問題の 2 次不等
式の条件は ③ または ④ が成り立つことであるので解は,

$$x<-1-\sqrt{2} \ \text{ または } \ x>-1+\sqrt{2}$$

となります. また, 大小関係をわかりやすく表現するために,

$$x<-1-\sqrt{2}, \ -1+\sqrt{2}<x$$

と書くことが多いです. この場合, しばしば "または" は省略されます.

　このようにして 2 次不等式は解けますが, 毎回このような長い思考をしてい
るのは面倒ですし, 場合分けで間違う可能性が高くなります. そこで 2 次不等
式の解を簡単に求める公式を与えておきます.

公式 3.1

2次方程式 $ax^2 + bx + c = 0$ $(a > 0)$ が 2 つの実数解 α, β $(\alpha \leq \beta)$ をもつとします. このとき,

$$ax^2 + bx + c < 0 \quad \text{の解は} \quad \alpha < x < \beta$$
$$ax^2 + bx + c > 0 \quad \text{の解は} \quad x < \alpha, \ \beta < x$$

が成り立ちます. このことは $<$ を $\leq$ に, $>$ を $\geq$ に換えても成り立ちます.

上の公式は, 2次方程式が実数解をもつ場合に適用されます. では, そうでない場合はどのようにしたらよいのでしょうか. 次の例題をみてください. p.31 で述べた平方完成を巧みに利用しています.

例題 3.4

次の 2 次不等式を解きましょう.

(1) $x^2 + x + 1 > 0$　　　　　(2) $-2x^2 + 4x - 3 > 0$

---

(1)　2次方程式 $x^2 + x + 1 = 0$ の判別式は,

$$D = 1^2 - 4 \cdot 1 \cdot 1 = -3 \ (< 0)$$

となるので, この 2 次方程式は実数解をもちません. ですから, 公式 3.1 は適用できません. 左辺を平方完成してみると, 問題の不等式は,

$$\left(x + \frac{1}{2}\right)^2 + \frac{3}{4} > 0$$

となります. ここで, 次の実数の性質を用います.

"実数を 2 乗した数は, 0 以上の実数である."

これを使うと, x にどんな実数を代入しても, 上の不等式が成立することがわかります. すなわち, 解は任意の実数ということになります.

(2)　この問題も 2 次方程式 $-2x^2 + 4x - 3 = 0$ が実数解をもたないので, (1) と同様に考えてやります. まず, -1 を掛けて, 2 次不等式を基本形に直すと,

$$2x^2 - 4x + 3 < 0$$

となります. 平方完成をして,

$$2(x-1)^2 + 1 < 0$$

となります. x にどんな実数を代入しても左辺は正の数になるので, この不等式には解が存在しないことになります.

不等式はグラフとともに考えると非常に理解しやすくなります. このことについては第 4 章で取り扱います.

復習問題 3.3　次の 2 次不等式を解きましょう.

(1) $x^2 - x - 6 < 0$　　　(2) $2x^2 + 5x - 1 \geq 0$　　　(3) $x^2 + 4x + 5 \leq 0$

第4章

関数とグラフ

この章では，関数とそのグラフについて説明していきます．これらは応用数理系の学問 (経済学や物理学) において非常に有益な道具となります．ここでは，初等的な関数の性質とグラフをみていきます．

4.1 関数とグラフの定義

（1） 関数

まずは関数を知っていただくために次のような例を考えてみましょう．A さんが車に乗ってガソリンを入れに行きました．1 リットルあたりの値段は 100 円です．そこで x リットルを入れると値段が y 円になるとしましょう．このとき x と y の間には，

$$y = 100x$$

の関係が成り立っています．ただし，A さんの車のタンクは 50 リットルしか入りません．よって，x はどのような数でもよいわけではありません．x は，

$$0 \leq x \leq 50$$

を満たしていなければなりません．このとき，

$$0 \leq y \leq 5000$$

となります．上の関係式において，x を 1 つ定めてやれば，y が 1 つだけ定まります．このように x の値を定めたとき，その x の値に対して y の値がただ 1 つに定まるとき，y は x の関数であるといいます．y が x の関数であることをし

ばしば記号で,

$$y = f(x)$$

と表します. f は別に g, h などどんな記号でもかまいません. よく f が用いられるのは, function (関数) の頭文字だからです. x は**変数**と呼ばれ, $0 \le x \le 50$ のように変数 x のとりうる範囲を関数の**定義域**または**変域**といいます. また, $0 \le y \le 5000$ のように y のとりうる範囲を関数の**値域**と呼びます. 今後, 特に定義域を明示しないときには, 定義域は y の値が確定するような実数全体であると約束しておきます.

例題 4.1

次の関係式において y は x の関数であるかどうか調べましょう.

　(1) $y = x^2$ 　　　　　　　　　(2) $y^2 = x$ 　$(x \ge 0)$

---

(1)　x の値を 1 にすれば y の値は 1, 2 にすれば 4 というように, x の値に対し y の値がただ 1 つだけ定まります. よって, y は x の関数です.

(2)　たとえば, x の値を 1 にすると,

$$y^2 = 1$$

となります. このとき y は ± 1 です. よって, y の値はただ 1 つに定まっていないので, y は x の関数ではありません.

復習問題 4.1　次の関係式において, y は x の関数かどうか調べましょう.

　(1) $y = \sqrt{x}$ 　$(x \ge 0)$ 　　　　　(2) $x^2 + y^2 = 1$ 　$(-1 \le x \le 1)$

(2)　関数のグラフ

　棒グラフや円グラフなど世の中にはさまざまなグラフがあります. しかし, どのグラフも,

　　　　"わかりにくい事柄を視覚的に表現してわかりやすくする"

という目的をもっています. 関数のグラフもその例外ではありません. 関数のグラフを考えることにより, 関数自身の性質をみることができるようになりま

す. また, 方程式や不等式とも深い関わりをもっています.

さて, 関数のグラフを考えるには, そのもとになる関数が必要です. そこでまず関数

$$y = f(x)$$

が与えられたとしましょう. このとき, 関数を特徴付けるものは, 定義域の実数 x とそれに対して定まる実数 y の組 (x, y) です. すなわち, 2つの実数の組を視覚的に表現しなければなりません.

そこで, まず1つの実数を視覚的に表現することを考えてみましょう. 直線上に相異なる2点を定めて, それらを 0, 1 (が表す点) としましょう. 次に, 0 から 1 の方向へ, 0 と 1 の間の距離の2倍の距離を進んだ点を 2, 3 倍の距離を進んだ点を 3, $\cdots$, 一般に正の実数 a に対し a 倍の距離を進んだ点を a とします. 最後に, 0 に対し 1 と対称の位置にある点を -1, 2 と対称の位置にある点を -2, $\cdots$, 一般に正の実数 a に対し a と対称の位置にある点を $-a$ とします. このようにして, 実数全体は1本の直線と同一視できます. 図 4.1 のように, 数が増えていく方向に矢印を付け, これを**数直線**と呼びます.

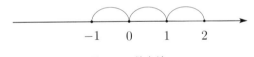

$$-1 \quad 0 \quad 1 \quad 2$$

図 4.1 数直線

数直線を描くときは, 矢印付き直線と少なくとも2点の位置 (たとえば, 0, 1) を描くようにしてください. そうしないと実数との対応がわからないからです.

次に2つの実数の組を視覚的に表現することを考えましょう. 2つの実数の組なので, まず2本の数直線を用意しましょう. そして, それらを縦と横に並べて交差させます. 2直線の交点を $(0, 0)$ が表す点とし, 通常 O と書きます. 一般に2つの実数の組 (a, b) に対応する点を図 4.2 のように定めます. このようにして, 2つの実数の組全体は平面と同一視さ

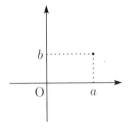

図 4.2 数平面

れます. できあがった平面を**数平面**または**座標平面**と呼びます. 数平面上の点 (a, b) のことを座標 (a, b) と呼ぶこともあります. 数平面を描く場合も, 実数の

組との対応を明確にする必要があります. そのためには数平面を構成する 2 本の数直線に対し, 実数との対応がわかるようにしておけば十分です.

　グラフの話に戻りましょう. 数平面に, 定義域の実数 x とそれに対して定まる実数 y の組 (x, y) を描くことにより, 関数を視覚的に表現することが可能になります. このようにして描かれた図形を関数のグラフと呼びます. このとき, 定義域の点を文字 x, 値域の点を文字 y が表しているので, もとの数平面のことを **x-y 平面**と呼びます. x が動くほうの数直線を x 軸, y が動くほうの数直線を y 軸といい, 図 4.3 のように矢印の近くに x, y の文字を書きます. 矢印の付いている方向をそれぞれ x 軸方向, y 軸方向といいます. また, 座標 (a, b) の a を **x 座標**, b を **y 座標**と呼びます.

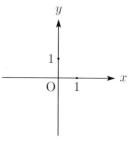

図 **4.3** x-y 平面

4.2 　1 次関数

（1）　1 次関数のグラフ

　x の関数 $y = f(x)$ に対し, $f(x)$ が x の 1 次式, すなわち,

$$f(x) = ax + b \quad (a, b は実定数で, a \neq 0)$$

という形で表されているとき, この関数を **1 次関数**と呼びます. 1 次関数のグラフとの関係から, a は**傾き**, b は **y 切片**と呼ばれています.

　一般に関数 $y = f(x)$ が与えられたとします. x_1, x_2 を相異なる実数とし, これらに対応する関数 $y = f(x)$ の値をそれぞれ y_1, y_2, すなわち,

$$y_1 = f(x_1), \quad y_2 = f(x_2) \quad (x_1 \neq x_2)$$

とします. x が x_1 から x_2 へ変化したとき, "$x_2 - x_1$" および "$y_2 - y_1$" はそれぞれ x および y の変化量を表しています. この 2 つの変化量の比

$$\frac{y_2 - y_1}{x_2 - x_1} \quad \left(= \frac{f(x_2) - f(x_1)}{x_2 - x_1} \right)$$

は**変化の割合**または**平均変化率**と呼ばれています. 平均変化率は第 5 章の微分で重要な意味をもってきます.

さて，1次関数の話に戻りましょう．1次関数においては，平均変化率が常に一定値 a になります．実際，計算してみると，

$$
\begin{aligned}
\frac{y_2 - y_1}{x_2 - x_1} &= \frac{f(x_2) - f(x_1)}{x_2 - x_1} \\
&= \frac{(ax_2 + b) - (ax_1 + b)}{x_2 - x_1} \\
&= \frac{a(x_2 - x_1)}{x_2 - x_1} \\
&= a \quad \text{(定数)}
\end{aligned}
$$

となっています．これは1次関数を特徴付ける重要な性質です．このことから，傾き a は，

"x が 1 増えるときの y の変化量"

を表していることがわかります．それでは次の例題で1次関数のグラフをみていきましょう，

例題 4.2

次の1次関数のグラフを描きましょう．

(1) $y = 2x - 1$ (2) $y = -x + 1$

---

(1) 関数のグラフを描くということは，関数の式が満たす点の組 (x, y) を x-y 平面に描くことでした．そこで x にいくつかの値を代入して，それに対応する y の値を調べ，これらを表にしてみましょう．

x	0	1	2	3	4
y	1	1	3	5	7

この表の見かたは，上の行が x の値で下の行がそれに対応する y の値です．この表が表している点を x-y 平面に記すと図 4.4 の

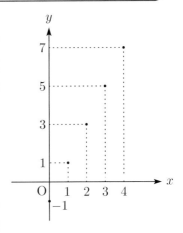

図 4.4

ようになります. 関数のグラフを描くには, 定義域のすべての点 x について, x と $y = f(x)$ の組 (x, y) を記すわけですが, 1 点 1 点調べていては到底終わりません. そこで実際には, 関数の性質を利用して, 通りそうな点をなめらかに線で結ぶことになります. この場合, 平均変化率が常に 2, すなわち, "x の値が t 増えると, y の値は $2t$ 増える" ということに着目して, 通りそうな点を線で結ぶと, 関数 $y = 2x - 1$ のグラフ (図 4.5) になります. このように 1 次関数のグラフは直線になります. したがって, 1 次関数のグラフを描くには, グラフ上の 2 点を求めて, その 2 点を直線で結べばよいわけです.

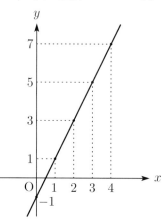

図 **4.5** $y = 2x - 1$

(2) (1) の最後に注意したことより, まずグラフ上の 2 点を求めます. たとえば, $x = 0, 1$ とすると, それに対応してそれぞれ $y = 1$, 0 となるので, $(0, 1), (1, 0)$ はグラフ上の 2 点です. これらを直線で結ぶことにより, グラフは図 4.6 のようになります. 先に傾きや y 切片という言葉を説明しましたが, この関数の場合, 傾きは -1 で y 切片は 1 です. グラフをみればわかるように, y 切

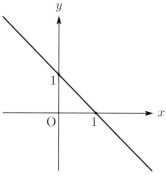

図 **4.6** $y = -x + 1$

片は文字どおり "y 軸との交点の y 座標" を示しています. 傾きは "x が 1 増えたときの y の変化量" でしたから, "グラフの傾き度合い" を示しているといえます.

　例題の中で "通りそうな点をなめらかに線で結ぶ" と述べました. 1 次関数の場合はそれほど問題ではありませんが, 今後登場する 2 次関数や分数関数などに対しては, このような方法では "正確な" グラフでないという人もいるでしょう. しかし, 人間の手で描く以上正確な図というのは望めるわけもなく, な

によりも重要なのは関数の特徴をグラフの中に埋め込むことです.

復習問題 4.2 次の式で表される1次関数のグラフを描きましょう.

(1) $y = 3x + 1$ \qquad\qquad (2) $y = -2x + 2 \quad (-1 \leq x \leq 1)$

（2） 1次関数と直線

前小節において, 1次関数のグラフは x-y 平面上の直線になることがわかりました. では, 逆に x-y 平面上の直線が与えられたとき, それはなにかある1次関数のグラフになっているのでしょうか. 実は, そう単純ではありません. 直線と対応しているのは, x, y の1次方程式のほうです. この節では, 主にこのことを中心に説明していきます.

まず, x, y の1次方程式が x-y 平面上の直線を定めることをみましょう. 一般に x, y の方程式が与えられたとき, その方程式は x-y 平面上の曲線を定めることになります. そのことは関数のときと同様に, 方程式を満たす実数 x, y の組 (x, y) を x-y 平面上に描くことによって実現されます. 方程式を満たす実数 x, y とは, ずばり方程式の解のことですから, 描かれた曲線は方程式の解を表していることになります. 1次方程式の話に戻りましょう. 今, x, y の1次方程式

$$ax + by + c = 0 \quad (a \neq 0 \text{ または } b \neq 0)$$

が与えられたとします. $a = b = 0$ の場合は1次方程式にならないので, a, b に条件が付いています. この形のままではなんだかよくわからないので, a, b が0であるかどうかで場合分けを行って考察していきます.

- $b \neq 0$ のとき, 方程式を y について解くと,

$$y = -\frac{a}{b}x - \frac{c}{b} \quad \cdots\cdots \quad ①$$

となります. この変形は $b \neq 0$ だからできることを注意しておきます. 上の関係式をみると, x の値を定めたときに y の値がただ1つ定まることがわかります. すなわち, y は x の関数とみることができます.

  ○ $a \neq 0$ のときは, $-\frac{a}{b} \neq 0$ だから, ① により, y は x の1次関数とみなすことができます. よって, 前小節に述べたことより, 1次方程式から定まる曲線は直線になることがわかります.

○ $a = 0$ のとき, ① は,

$$y = -\frac{c}{b}$$

となります. y を x の関数とみると, これは任意の実数 x に対して一定の値を対応させる関数です. 一般に, このような関数は**定数関数**と呼ばれています. この関数をグラフにしてみると, 図4.7 のように **x 軸に平行**な直線になります.

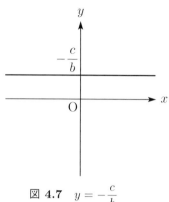

図 4.7　$y = -\dfrac{c}{b}$

● $b = 0$ のとき, もとの方程式は,

$$ax + c = 0$$

となります. $b = 0$ だから, 最初に与えた a, b に対する条件から, $a \neq 0$ が導かれます. ゆえに, 方程式は,

$$x = -\frac{c}{a}$$

と変形され, x の値は常に $-\dfrac{c}{a}$ です. y の値はなんでもよいことになるので, このことを x-y 平面上に描けば, 図4.8 のように **y 軸に平行**な直線になります.

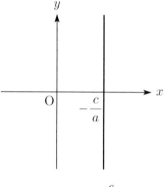

図 4.8　$x = -\dfrac{c}{a}$

よって, x, y の1次方程式が x-y 平面上の直線を定めることがわかりました.

逆に, x-y 平面上の直線が x, y の1次方程式から定まることをみましょう. x-y 平面上の直線は次の3パターンに分けることができます.

(1) y 軸に平行　　　(2) x 軸に平行　　　(3) どちらでもない

(1) の場合, x 軸との交点を k_1 とすれば, $x = k_1$ が定める直線になります. (2) の場合, y 軸との交点を k_2 とすれば, $y = k_2$ が定める直線になります. (3) の場合, 図4.11 のように, m, n を定めれば, $y = mx + n$ が定める直線になります. いずれの場合も, x, y の1次方程式が定める直線になっています.

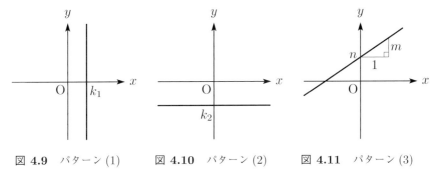

図 4.9 パターン (1)　　**図 4.10** パターン (2)　　**図 4.11** パターン (3)

以上のことより, x-y 平面上の直線と x, y の 1 次方程式が対応していることがわかりました. このことから, x, y の 1 次方程式は**直線の方程式**と呼ばれます.

(3)　直線と連立 1 次方程式

前小節において, x-y 平面上の直線と x, y の 1 次方程式が対応していることをみました. このことを用いると, x, y の連立 1 次方程式の意味を視覚的に捉えることができます. そこでまず次の例題をみてください.

例題 4.3

次の 2 直線の交点の座標を求めましょう.

$$\text{直線 ①} \ : \ 2x + 3y + 1 = 0$$
$$\text{直線 ②} \ : \ x + 3y + 2 = 0$$

まず交点というのは 2 直線が交わっている点, すなわち直線 ① 上にあってかつ直線 ② 上にある点のことです. これから, その交点では x, y が 2 つの直線の式を満たしていることになります. よって, 次の連立方程式,

$$\begin{cases} 2x + 3y + 1 = 0 \\ x + 3y + 2 = 0 \end{cases}$$

を解くことにより交点の座標が求まるわけです. これを解くと,

$$\begin{cases} x = 1 \\ y = -1 \end{cases}$$

となります. 座標であることを強調したい
ときには,

$$(x, y) = (1, -1)$$

のように書きます. 2直線のグラフを描い
てみると, 図 4.12 のようになり, 確かに座
標 $(1, -1)$ で交わっています.

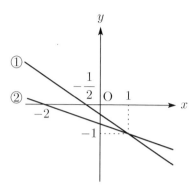

図 **4.12** $\begin{cases} 2x + 3y + 1 = 0 \\ x + 3y + 2 = 0 \end{cases}$

　上の例題より, 2直線の交点は, 2直線の式を連立させた連立1次方程式の解
と一致することがわかりました. 逆に連立1次方程式の2つの式を直線の式と
みると, 連立1次方程式の解は**2直線の交点**になっているわけです. ところで,
解が存在しなかったり, 逆に解が無限に存在したりする連立1次方程式があり
ました. これを直線の言葉で表すと, 次のような関係になります.

　　　解が存在しない.　　⇔　　2直線が平行で相異なる.

　　解が無限に存在する.　　⇔　　2直線が同一の直線である.

実際, 例題2.4の連立1次方程式をグラフにしてみると, それぞれ図4.13およ
び図4.14のようになっています.

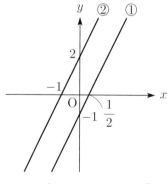

図 **4.13** $\begin{cases} y = 2x - 1 & \cdots ① \\ 2x - y = -2 & \cdots ② \end{cases}$

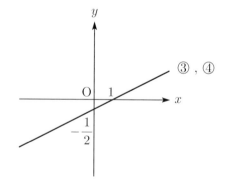

図 **4.14** $\begin{cases} x - 2y = 1 & \cdots ③ \\ 2x - 4y = 2 & \cdots ④ \end{cases}$

復習問題 4.3 次の 2 直線が交点をもつような実数 a の範囲を求めましょう.

(1) $\begin{cases} 2x - y + 3 = 0 \\ ax - y - 1 = 0 \end{cases}$ 　　　(2) $\begin{cases} x - 3 = 0 \\ x + ay = 0 \end{cases}$

(ヒント：例題 2.5 (p.26) を参照)

4.3　2次関数

（1）　2次関数のグラフ

x の関数 $y = f(x)$ に対し, $f(x)$ が x の 2 次式, すなわち,

$$f(x) = ax^2 + bx + c \quad (a, b, c \text{ は実定数で}, a \neq 0)$$

という形で与えられるとき, この関数を **2次関数** と呼びます. 2 次関数は, $a > 0$ のときは **下に凸**, $a < 0$ のときは **上に凸** と呼ばれる関数になります. このことはグラフの形と関係しています. 1 次関数のグラフが直線であったのに対し, 2 次関数のグラフは **放物線** と呼ばれる曲線になります. 物を放り投げたときにできる曲線 (放り投げた物の軌跡) がちょうど 2 次関数のグラフで与えられるので, そのように呼ばれています. まずは簡単な 2 次関数のグラフからみていきましょう.

> **例題 4.4**
>
> 次の 2 次関数のグラフを描きましょう.
> (1) $y = x^2$ 　　　　(2) $y = -\dfrac{1}{2}x^2$

(1)　まずは x と y の対応表をつくってみます.

x	-3	-2	-1	0	1	2	3
y	9	4	1	0	1	4	9

この対応表をみれば, $x = 0$ を中心に y の値が対称的に並んでいることがわかります. これは $(-x)^2 = x^2$ だからです. ゆえに, $y = x^2$ のグラフは y 軸 (直線 $x = 0$) を中心に対称となります. また, $x^2 \geq 0$ だから, 常に $y \geq 0$ です. これらのことを踏まえて, 通りそうな点をなめらかな曲線で

結んでやると, 図 4.15 のようになります. グラフが下に突き出た形をしているので, **下に凸**と呼ばれているわけです.

(2) この関数も $-\dfrac{1}{2}(-x)^2 = -\dfrac{1}{2}x^2$ となるので, グラフは y 軸を中心に対称となります. また, x^2 の係数が負の数なので, 常に $y \leq 0$ です. これらのことを踏まえると, グラフは図 4.16 のようになります. (1) とは逆に, グラフが上に突き出ているので, **上に凸**と呼ばれるのです.

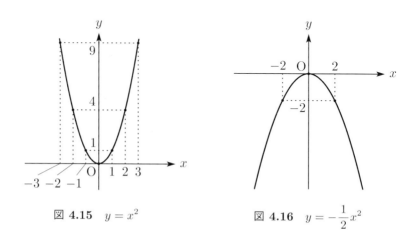

図 4.15　$y = x^2$　　　　　　　図 4.16　$y = -\dfrac{1}{2}x^2$

一般の 2 次関数のグラフを描くには, 平行移動というものを用いると楽にできます. そこで, 平行移動について少し述べておきましょう.

関数 $y = f(x)$ のグラフを同じ方向に同じ距離だけ移動させることを**平行移動**といいます. 関数のグラフを平行移動させたものは, ある関数のグラフになっています. その関数がなんであるのか考えてみましょう. まず, 平行移動を x 軸方向と y 軸方向に分解します. すなわち, 図 4.17 のように, x 軸方向に p, y 軸方向に q だけ移動したと考えます. 関数 $y = f(x)$ のグラフ上の点 (x, y) が平行移動により移った点を (X, Y) とすると,

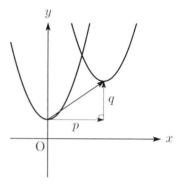

図 4.17　平行移動

$$X = x + p, \quad Y = y + q \quad \text{すなわち} \quad x = X - p, \quad y = Y - q$$

という関係が成り立ちます. x と y の間には $y = f(x)$ という関係があるので, これに上式を代入することにより,

$$Y - q = f(X - p) \quad \text{すなわち} \quad Y = f(X - p) + q$$

という X と Y の関係式が導かれます. よって, この関係式により, Y を X の関数と考えたものが, 求める関数です. 関数を表すのに使う文字としては, x, y が慣例なので, 書き直すと,

$$y = f(x - p) + q$$

となります. 以上のことを公式としてまとめておきます.

> **公式 4.1 (グラフの平行移動)**
>
> 関数 $y = f(x)$ のグラフを, x 軸方向に p, y 軸方向に q だけ平行移動すると, 関数
>
> $$y = f(x - p) + q$$
>
> のグラフになる.

　結局, 平行移動するには, x を $x - p$, y を $y - q$ に書き換えればよいことになります. x マイナス "$-$" p であることに注意してください. また, 方程式が表す曲線などを平行移動するときにも, この方法は有効です.

　それでは, 平行移動を用いて, 次の例題を考えてみましょう.

> **例題 4.5**
>
> 次の2次関数のグラフを描きましょう.
>
> (1) $y = x^2 + 4x + 3$　　　　　　(2) $y = -x^2 + 4x - 4$

(1)　平行移動を利用するためには, 右辺を平方完成します. そうすると,

$$y = (x + 2)^2 - 1$$

となります. 公式 4.1 によれば, このグラフは下に凸な $y = x^2$ のグラフ

を, x 軸方向に -2, y 軸方向に -1 だけ平行移動させたものです. したがって, 図 4.18 のようになります.

(2)　この問題も (1) と同様に考えます. 平方完成すると,

$$y = -(x - 2)^2$$

となるので, このグラフは上に凸な $y = -x^2$ のグラフを, x 軸方向に 2 だけ平行移動させたものです. したがって, 図 4.19 のようになります.

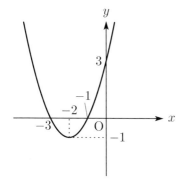

図 **4.18**　$y = x^2 + 4x + 3$

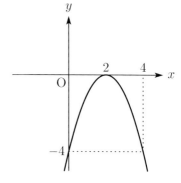

図 **4.19**　$y = -x^2 + 4x - 4$

このように平方完成と平行移動を用いることにより, 2 次関数のグラフを知ることができました. 一般に, 2 次関数 $y = ax^2 + bx + c$ は,

$$y = a\Big(x + \frac{b}{2a}\Big)^2 - \frac{b^2 - 4ac}{4a}$$

と平方完成できます (p.34 参照). したがって, この関数グラフは $y = ax^2$ のグラフを, x 軸方向に $-\dfrac{b}{2a}$, y 軸方向に $-\dfrac{b^2 - 4ac}{4a}$ だけ平行移動させたものになります. さて, 2 次関数のグラフをみてみると, y 軸に平行な直線を中心に対称であることに気づきます. この直線を 2 次関数の**軸**と呼びます. また, 2 次関数のグラフの突き出た点, すなわち, 2 次関数のグラフと軸との交点は 2 次関数の**頂点**と呼ばれています. たとえば, 例題 4.5 の 2 次関数に対しては,

2 次関数	軸	頂点
$y = x^2 + 4x + 3$	$x = -2$	$(-2, -1)$
$y = -x^2 + 4x - 4$	$x = 2$	$(2, 0)$

となります. 2次関数 $y = ax^2 + bx + c$ の軸と頂点は, 平行移動を用いて求めることができます. すなわち, 2次関数 $y = ax^2$ の軸 $x = 0$ と頂点 $(0,0)$ を, x 軸方向に $-\dfrac{b}{2a}$, y 軸方向に $-\dfrac{b^2 - 4ac}{4a}$ だけ平行移動させたものになります. よって, $y = ax^2 + bx + c$ の軸と頂点は,

$$\text{軸} : x = -\frac{b}{2a}, \quad \text{頂点} : \left(-\frac{b}{2a}, -\frac{b^2 - 4ac}{4a} \right)$$

となります. 以上のことを公式としてまとめておきましょう.

公式 4.2

2次関数 $y = ax^2 + bx + c$ のグラフは, 2次関数 $y = ax^2$ のグラフを,

$$x \text{ 軸方向に } -\frac{b}{2a}, \quad y \text{ 軸方向に } -\frac{b^2 - 4ac}{4a}$$

だけ平行移動したものであり, 軸および頂点は,

$$\text{軸} : x = -\frac{b}{2a}, \quad \text{頂点} : \left(-\frac{b}{2a}, -\frac{b^2 - 4ac}{4a} \right)$$

となる.

復習問題 4.4 次の2次関数のグラフを描きましょう.

(1) $y = x^2 - 6x + 10$ (2) $y = -\dfrac{1}{2}x^2 - x + \dfrac{1}{2}$

（2） 2次関数の最大値, 最小値

関数 $y = f(x)$ の値域に最大値があれば, その値を関数の**最大値**, 同様に最小値があれば, その値を関数の**最小値**と呼びます. 2次関数の最大値, 最小値は定義域と軸の位置関係で決まってきます.

例題 4.6

次の2次関数の最大値, 最小値を求めましょう.

(1) $y = x^2 - 2x - 2$ (2) $y = -x^2 + 3x$ $(0 \leq x \leq 1)$

---

(1) まず関数のグラフを描いて, その挙動をみてみましょう. 右辺を平方完成すると,

$$y = (x - 1)^2 - 3$$

となるので, 軸は $x = 1$, 頂点は $(1, -3)$ です. ゆえに, グラフは図 4.20 のようになります. グラフをみると, 頂点の y 座標が最小値になっています. 実際, $(x-1)^2 \geq 0$ に注意すると, 平方完成した式から $y \geq -3$ が出ます. したがって, $x = 1$ のときに最小値 -3 をとります. 最大値のほうは, x の値が軸から離れるほど y の値が大きくなるので, 存在しないことになります. 以上のことをまとめると, 次のようになります.

$$\begin{cases} 最大値 & : \quad なし \\ 最小値 & : \quad -3 \quad (x = 1 \text{のとき}) \end{cases}$$

(2) この問題は定義域が $0 \leq x \leq 1$ となっているので, 少し注意が必要です. 右辺を平方完成すると,

$$y = -\left(x - \frac{3}{2}\right)^2 + \frac{9}{4}$$

となるので, 軸は $x = \dfrac{3}{2}$, 頂点は $\left(\dfrac{3}{2}, \dfrac{9}{4}\right)$ です. ゆえに, グラフは図 4.21 のようになります (定義域の外は破線にしてあります). これから,

$$\begin{cases} 最大値 & : \quad 2 \quad (x = 1 \text{のとき}) \\ 最小値 & : \quad 0 \quad (x = 0 \text{のとき}) \end{cases}$$

がわかります. 頂点の y 座標が最大値になっていないのは, 軸が定義域の外にあるからです.

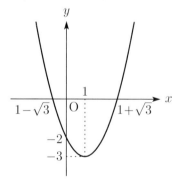

図 4.20　$y = x^2 - 2x - 2$

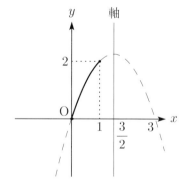

図 4.21　$y = -x^2 + 3x$

復習問題 4.5 次の2次関数の最大値, 最小値を求めましょう.

(1) $y = -x^2 + 4x - 1$ 　　　　 (2) $y = x^2 - 2x - 1$ 　$(0 \leq x \leq 3)$

例題 4.7 ━━━━━━━━━━

次の x の2次関数の最小値を求めましょう.

(1) 　$y = x^2 - 2ax + a^2$ 　$(0 \leq x \leq 1)$

(2) 　$y = -x^2 + 2x + 1$ 　$(t-1 \leq x \leq t+1)$

---

(1) 　関数の中に文字 a が含まれているので, この問題は少々複雑です. まずは平方完成して, 軸の位置を探ります. 平方完成すると,

$$y = (x-a)^2$$

となるので, 軸は $x = a$, 頂点は $(a, 0)$ です. 最小値を求めるには, 軸 $x = a$ と定義域の位置関係で場合分けを行います. この場合, グラフが下に凸なので, 最小値をとる候補は軸か定義域の両端です. このことを考慮すると, 次の3パターンに分けることになります.

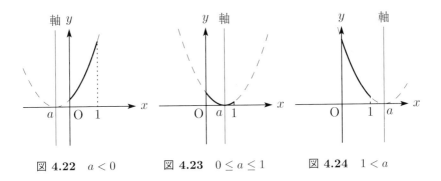

図 4.22 $a < 0$ 　　　　 図 4.23 $0 \leq a \leq 1$ 　　　　 図 4.24 $1 < a$

$a < 0$ のときは, 定義域の左側に軸があるので, $x = 0$ で最小値 a^2 をとります. $0 \leq a \leq 1$ のときは, 定義域の中に軸があるので, $x = a$ で最小値 0 をとります. $1 < a$ のときは, 定義域の右側に軸があるので, $x = 1$ で最小

値 $(1-a)^2$ をとります. 以上のことをまとめると, 次のようになります.

$$\begin{cases} a < 0 \text{ のとき, } x=0 \text{ で最小値 } a^2 \\ 0 \le a \le 1 \text{ のとき, } x=a \text{ で最小値 } 0 \\ 1 < a \text{ のとき, } x=1 \text{ で最小値 } (1-a)^2 \end{cases}$$

(2)　(1) とは違い, 定義域の中に文字 t が含まれていますが, 基本的な考えかたは同じです. 定義域と軸の位置関係に注目して, 場合分けを行うだけです. 平方完成すると,

$$y = -(x-1)^2 + 2$$

となるので, 軸は $x=1$, 頂点は $(1,2)$ です. この問題では, グラフが上に凸なので, 最小値をとる候補は定義域の両端だけです. 2次関数が軸を中心に対称であることを考慮すれば, 定義域の中心 t と軸との位置関係で場合分けをすればいいことになります. ゆえに, 次の2パターンに分けることになります.

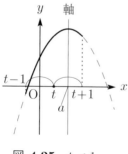

図 4.25　$t < 1$

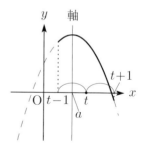

図 4.26　$1 \le t$

$t < 1$ のときは $x = t-1$ で最小値

$$-\{(t-1)-1\}^2 + 2 = -(t-2)^2 + 2$$

をとります. $1 \le t$ のときは $x = t+1$ で最小値

$$-\{(t+1)-1\}^2 + 2 = -t^2 + 2$$

をとります. 以上のことをまとめると, 次のようになります.

$$\begin{cases} t < 1 \text{ のとき,} & x = t - 1 \text{ で最小値 } -(t-2)^2 + 2 \\ 1 \leq t \text{ のとき,} & x = t + 1 \text{ で最小値 } -t^2 + 2 \end{cases}$$

復習問題 4.6 次の x の2次関数の最大値を求めましょう.

  (1) $y = x^2 - 4ax + 5a^2$ $(1 \leq x \leq 3)$

  (2) $y = -x^2 + 4x - 3$ $(0 \leq x \leq t)$

(3)   2次関数と方程式, 不等式

2次関数 $y = ax^2 + bx + c$ と x 軸との交点について考えてみましょう. x 軸とは y の値が 0 になるところですから, もし交点があるとすれば, **交点の x 座標は2次方程式** $ax^2 + bx + c = 0$ を満たすことになります. 逆に2次方程式 $ax^2 + bx + c = 0$ に実数解があれば, それは交点の x 座標になります. したがって, 2次関数 $y = ax^2 + bx + c$ と x 軸との交点の x 座標は, 2次方程式 $ax^2 + bx + c = 0$ の実数解であることがわかります. 2次方程式の解の公式 (p.35) より, $ax^2 + bx + c = 0$ の実数解の個数は判別式 $D = b^2 - 4ac$ の値で知ることができます. よって, 次の公式が成り立ちます.

公式 4.3

2次関数 $y = ax^2 + bx + c$ と x 軸との交点の個数は,

  $D > 0$ のときは2点, $D = 0$ のときは1点, $D < 0$ のときはなし

となる. また, 交点をもてば, その x 座標は2次方程式

$$ax^2 + bx + c = 0$$

の解で与えられる. ここに $D = b^2 - 4ac$ である.

このことをグラフで表現すると, $a > 0$ のときは,

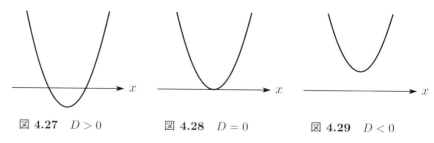

図 **4.27**　$D > 0$　　　図 **4.28**　$D = 0$　　　図 **4.29**　$D < 0$

となります. $a < 0$ のときは上のグラフを x 軸に関して折り返したグラフになります. $D = 0$ の場合, グラフは x 軸に**接する**といい, x 軸との唯一の交点を**接点**と呼びます.

　2 次関数のグラフを用いると, 2 次方程式や 2 次不等式の意味を視覚的に捉えることができます. x の 2 次式 $ax^2 + bx + c$ が与えられたとし, 2 次方程式 $ax^2 + bx + c = 0$ や 2 次不等式 $ax^2 + bx + c > 0$ などを考えるとしましょう. $y = ax^2 + bx + c$ とおき, y を x の 2 次関数とみることにします. y の値は 2 次式 $ax^2 + bx + c$ に実数 x を代入したときの値だから,

$$ax^2 + bx + c > 0 \quad \Leftrightarrow \quad y > 0$$
$$ax^2 + bx + c = 0 \quad \Leftrightarrow \quad y = 0$$
$$ax^2 + bx + c < 0 \quad \Leftrightarrow \quad y < 0$$

が成り立ちます. $y = 0$ は x 軸を表すので, $y > 0$ は x 軸より上方, $y < 0$ は x 軸より下方を表すことになります. したがって, 次の公式が成り立ちます.

―― 公式 **4.4** ――――――――――――――――――――――――――

　2 次式 $ax^2 + bx + c$ が与えられたとき, $y = ax^2 + bx + c$ により y を x の 2 次関数とみて, そのグラフを考えます. このとき,

　（ⅰ）　$ax^2 + bx + c > 0$ の解はグラフが x 軸より上方にある x の値

　（ⅱ）　$ax^2 + bx + c = 0$ の解はグラフと x 軸との交点の x の値

　（ⅲ）　$ax^2 + bx + c > 0$ の解はグラフが x 軸より下方にある x の値

が成り立ちます. ただし, 解は実数解のみを考えます.

　不等号が "$\geq$" や "$\leq$" でも同様のことが成り立ちます. また, このような考えかたは, 一般の x の方程式や不等式に対しても有効であることを注意してお

きます. それでは, 以上のことを踏まえて, 次の例題を考えていきましょう.

例題 4.8

2次方程式 $x^2 - 2ax + 1 = 0$ の解が相異なる正の実数解であるように実数 a の範囲を求めましょう.

$f(x) = x^2 - 2ax + 1$ とし, $y = f(x)$ により, y を x の関数とみます. 公式 4.4 から, グラフが x 軸の正の部分と 2 回交わるように a の範囲を定めればいいことがわかります. このためには, 次の 3 条件が必要十分です.

$$(1)\ 判別式\ D > 0 \qquad (2)\ 軸 > 0 \qquad (3)\ f(0) > 0$$

条件 (1) でグラフが x 軸と 2 回交わり, 条件 (2), (3) でそれが正の部分であるように条件付けしています. 条件 (1) からは,

$$D = 4a^2 - 4 > 0 \quad すなわち \quad a < -1,\ 1 < a$$

が出ます. 平方完成を用いると,

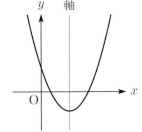

$$f(x) = (x - a)^2 + 1 - a^2$$

となるので, 軸は $x = a$ となります, ゆえに, 条件 (2) から, $a < 0$ が出ます. $f(0) = 1 > 0$ だから, 条件 (3) は無条件に成り立ちます. 以上のことから, 求める a の範囲は $a > 1$ です. この問題ではグラフを用いて解きましたが, 実際に解の公式により解を求めて a の範囲を導き出してもかまいません.

上の例題において, 2次関数と x 軸との交点の位置を限定するための条件が重要な要素となっていました. ここで, 交点の位置を限定するための条件を少し紹介しておきましょう. $f(x) = ax^2 + bx + c$ とし, 2次関数 $y = f(x)$ のグラフが x 軸と相異なる 2 点で交わるとします. 交点の x 座標を $\alpha, \beta\ (\alpha < \beta)$ としたとき, 次のことが成り立ちます.

$$[\ グラフが下に凸, すなわち, a > 0 のとき\ ]$$

$$\alpha, \beta \text{ はともに正} \quad \Leftrightarrow \quad \text{判別式 } D > 0, \text{ 軸} > 0, \ f(0) > 0$$

$$\alpha \text{ は負}, \beta \text{ は正} \quad \Leftrightarrow \quad f(0) < 0$$

$$\alpha, \beta \text{ はともに負} \quad \Leftrightarrow \quad \text{判別式 } D > 0, \text{ 軸} < 0, \ f(0) > 0$$

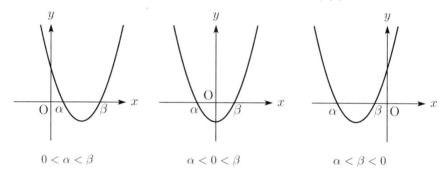

$$0 < \alpha < \beta \qquad\qquad \alpha < 0 < \beta \qquad\qquad \alpha < \beta < 0$$

[グラフが上に凸, すなわち, $a < 0$ のとき]

$$\alpha, \beta \text{ はともに正} \quad \Leftrightarrow \quad \text{判別式 } D > 0, \text{ 軸} > 0, \ f(0) < 0$$

$$\alpha \text{ は負}, \beta \text{ は正} \quad \Leftrightarrow \quad f(0) > 0$$

$$\alpha, \beta \text{ はともに負} \quad \Leftrightarrow \quad \text{判別式 } D > 0, \text{ 軸} < 0, \ f(0) < 0$$

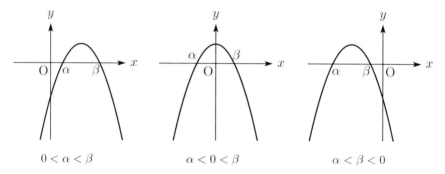

$$0 < \alpha < \beta \qquad\qquad \alpha < 0 < \beta \qquad\qquad \alpha < \beta < 0$$

　このことはグラフを考えることにより, 自然に出てきます. 特に $\alpha < 0 < \beta$ のときは, 判別式や軸の条件が不要になってしまいます.

復習問題 4.7 　2次方程式 $x^2 - 4ax + 3a^2 + 2a = 0$ が正と負の実数解をもつ ような実数 a の範囲を求めましょう.

　2次関数と直線の交点について考えましょう. 4.2.3 節で述べたように, 2直 線の交点は直線の式を方程式とみて連立させたときの解と一致していました.

このことが一般の方程式が定める曲線などに対しても成り立つことは, 交点の座標が両方の方程式を満たすことから容易にわかります. したがって, 2次関数と直線の場合にも, それぞれの式を連立させれば, 交点を求められるわけです. 先に述べた x 軸との交点は直線 $y = 0$ と連立させたと考えることもできます. それでは, 次の例題を考えてみましょう.

― 例題 4.9 ―――――――――――――――――――――

2次関数 $y = x^2 + 1$ と直線 $y = x + a$ が交点をもつように実数 a の範囲を求めましょう.

上に述べたことから, 連立方程式

$$\begin{cases} y = x^2 + 1 \\ y = x + a \end{cases}$$

が実数解をもつように a の範囲を定めればいいわけです. y を消去すると,

$$x^2 + 1 = x + a \quad \text{すなわち} \quad x^2 - x + 1 - a = 0$$

です. この2次方程式が実数解をもてばいいので, 判別式を用いて,

$$D = 1 - 4(1 - a) \geq 0 \quad \text{すなわち} \quad a \geq \frac{3}{4}$$

となります. よって, 求める a の範囲は $a \geq \dfrac{3}{4}$ です. このことをグラフを用いて視覚的に解釈すると図 4.30 のようになります.

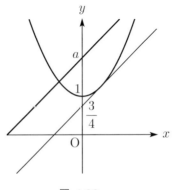

図 4.30

復習問題 4.8　2次関数 $y = -x^2 - 2x - 1$ と直線 $y = ax$ が交点をもつように実数 a の範囲を求めましょう.

4.4　1次分数関数

x の関数 $y = f(x)$ に対し, $f(x)$ が x の整式で表されるとき, この関数を**整関数**といいます.[1] 特に $f(x)$ が x の n 次式, すなわち,

$$f(x) = a_n x^n + a_{n-1} x^{n-1} + \cdots + a_1 x + a_0$$

$$(a_n, a_{n-1}, \cdots, a_1, a_0 \text{ は実定数で}, a_n \neq 0)$$

という形で表されるときは **n 次関数**と呼びます. $n \geq 3$ の場合は総称して**高次関数**と呼ばれます. また, $f(x)$ が有理式, すなわち,

$$f(x) = \frac{(\,x \text{ の整式}\,)}{(\,0 \text{ でない } x \text{ の整式}\,)}$$

という形で表されるとき, この関数を**有理関数**と呼びます. 分母が定数でないときは**分数関数**と呼ばれます. 整関数は分母が1と考えて, 有理関数とみなすことができます. 一般に有理関数のグラフを描くには, 第5章の微分の知識が必要となってきます. したがって, ここでは,

$$f(x) = \frac{ax + b}{cx + d} \quad (a, b, c, d \text{ は実定数で}, c \neq 0, ad - bc \neq 0)$$

という形の分数関数についてのみ考えていきます. この関数を **1次分数関数**と呼びます.[2] $c \neq 0, ad - bc \neq 0$ は定数関数や1次関数にならないための条件として付いています. 1次分数関数のグラフは**双曲線**と呼ばれる曲線になります. まずは簡単な1次分数関数のグラフについて考えましょう.

例題 4.10

次の1次分数関数のグラフを描きましょう.

(1) $y = \dfrac{1}{x}$ 　　　　　　　　　(2) $y = -\dfrac{2}{x}$

---

(1)　$x = 0$ のときは y の値は確定しないので, この関数の定義域は $x \neq 0$ の実

---

[1] 整関数は別の意味で用いられることがあるので, 有理整関数と呼ばれることもあります.

[2] $c \neq 0$ という条件を付けないものが1次分数関数と呼ばれることもあります.

数全体です. このように1次分数関数の定義域は実数全体にはなりません. まずは x と y の対応表をつくってみると,

x	-3	-2	-1	$-\dfrac{1}{2}$	$-\dfrac{1}{3}$	$\dfrac{1}{3}$	$\dfrac{1}{2}$	1	2	3
y	$-\dfrac{1}{3}$	$-\dfrac{1}{2}$	-1	-2	-3	3	2	1	$\dfrac{1}{2}$	$\dfrac{1}{3}$

となります. この関数は, x の値が $\pm 10, \pm 100, \pm 1000, \cdots$ のように 0 から離れていくと, y の値は $\pm 0.1, \pm 0.01, \pm 0.001, \cdots$ というように 0 に近くなっていきます. 逆に, x の値が $\pm 0.1, \pm 0.01, \pm 0.001, \cdots$ のように 0 に近くなっていくと, y の値は $\pm 10, \pm 100, \pm 1000, \cdots$ というように 0 から離れていきます. これらのことを踏まえて, 通りそうな点をなめらかな曲線で結ぶと, グラフは図 4.31 のようになります. グラフは x 軸や y 軸に近づいていきますが, 決して交わりません. このようなとき, x 軸や y 軸は**漸近線**と呼ばれます. 一般に1次分数関数には x 軸や y 軸に平行な2本の漸近線が存在します.

(2) この問題も $x = 0$ が定義域から外れています. (1) と同様に, 漸近線は x 軸と y 軸になります. このことから, グラフは図 4.32 のようになります. $\dfrac{2}{x}$ の前にマイナス "$-$" があるので, グラフの表れる位置が (1) と異なっています.

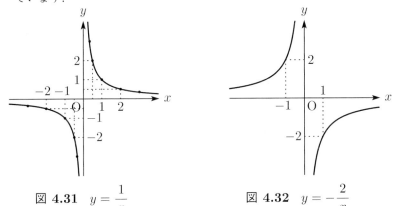

図 4.31 $y = \dfrac{1}{x}$ 図 4.32 $y = -\dfrac{2}{x}$

一般の 1 次分数関数のグラフを描くには, 2 次関数のときと同様に平行移動を用いるのが便利です. 2 次関数のときは平方完成という変形を行いました. 今回も巧みに変形して, 平行移動が使える形にします. それでは, 次の例題をみてみましょう.

例題 4.11

次の 1 次分数関数のグラフを描きましょう.
(1) $y = \dfrac{2x - 1}{x - 1}$　　　　　　　(2) $y = \dfrac{x}{x + 1}$

---

(1)　平行移動を利用するためには, 関数を
$$y = \frac{A}{B(x - p)} + q$$
という形に変形する必要があります. 実際, 次のようにして変形することができます. 分子をうまく操作して, 分子から x を消去するところがポイントです.
$$\frac{2x - 1}{x - 1} = \frac{2(x - 1 + 1) - 1}{x - 1} = \frac{2(x - 1) + 1}{x - 1} = \frac{1}{x - 1} + 2$$
ゆえに, $y = \dfrac{2x - 1}{x - 1}$ は
$$y = \frac{1}{x - 1} + 2$$
と変形できます. よって, そのグラフは $y = \dfrac{1}{x}$ のグラフを, x 軸方向に 1, y 軸方向に 2 だけ平行移動したもの (図 4.33) になります. 漸近線は直線 $x = 1$ と直線 $y = 2$ になります.

(2)　(1) と同様に変形すると,
$$\frac{x}{x + 1} = \frac{x + 1 - 1}{x + 1} = -\frac{1}{x + 1} + 1$$
となるので, もとの関数は,
$$y = -\frac{1}{x + 1} + 1$$
です. よって, そのグラフは $y = -\dfrac{1}{x}$ のグラフを, x 軸方向に -1, y 軸方向に 1 だけ平行移動したもの (図 4.34) になります. 漸近線は直線 $x = -1$ と直線 $y = 1$ になります.

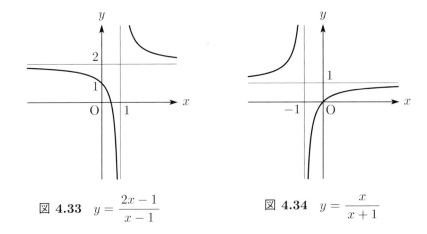

図 **4.33**　$y = \dfrac{2x-1}{x-1}$　　　　図 **4.34**　$y = \dfrac{x}{x+1}$

　一般の1次分数関数 $y = \dfrac{ax+b}{cx+d}$ のグラフを描くには, 平行移動を用いるために,

$$y = \frac{A}{B(x-p)} + q$$

という形に変形します. まず分母を上の形に合うように無理矢理変形し, それに合わせて分子を調整していきます.

$$\frac{ax+b}{cx+d} = \frac{ax+b}{c\left(x+\dfrac{d}{c}\right)}$$

$$= \frac{a\left(x+\dfrac{d}{c}-\dfrac{d}{c}\right)+b}{c\left(x+\dfrac{d}{c}\right)} \qquad \left(\dfrac{d}{c}を足して引く\right)$$

$$= \frac{a\left(x+\dfrac{d}{c}\right)-\dfrac{ad-bc}{c}}{c\left(x+\dfrac{d}{c}\right)}$$

$$= -\frac{ad-bc}{c^2\left(x+\dfrac{d}{c}\right)} + \frac{a}{c}$$

したがって, $y = \dfrac{ax + b}{cx + d}$ は,

$$y = -\dfrac{ad - bc}{c^2 \left(x + \dfrac{d}{c} \right)} + \dfrac{a}{c}$$

と変形され, そのグラフは $y = -\dfrac{ad - bc}{c^2 x}$ のグラフを, x 軸方向に $-\dfrac{d}{c}$, y 軸方向に $\dfrac{a}{c}$ だけ平行移動したものになります. $y = -\dfrac{ad - bc}{c^2 x}$ の漸近線は x 軸と y 軸, すなわち, 直線 $y = 0$ と $x = 0$ だから, 平行移動により, $y = \dfrac{ax + b}{cx + d}$ の漸近線は直線 $y = \dfrac{a}{c}$ と直線 $x = -\dfrac{d}{c}$ になります. 以上のことをまとめると, 次のようになります.

公式 4.5

1次分数関数 $y = \dfrac{ax + b}{cx + d}$ のグラフは, 1次分数関数 $y = -\dfrac{ad - bc}{c^2 x}$ のグラフを,

$$x \text{ 軸方向に } -\dfrac{d}{c}, \quad y \text{ 軸方向に } \dfrac{a}{c}$$

だけ平行移動したものであり, 漸近線は

$$\text{直線 } x = -\dfrac{d}{c}, \text{ および, 直線 } y = \dfrac{a}{c}$$

となる.

復習問題 4.9　次の分数関数のグラフを描きましょう.

(1) $y = \dfrac{3}{2x - 4}$ (2) $y = \dfrac{2x - 3}{3x - 3}$

4.5　指数と対数

ここで一度関数と離れて, 指数と対数について説明します. 指数に関しては, すでにある程度計算に用いてきましたが, ここで知識をしっかりとまとめておきます.

（1）　指数法則

2 という数字を 5 回掛けるとき,

$$2 \times 2 \times 2 \times 2 \times 2$$

と書くのは面倒です. そこでこれを省略して,

$$2^5$$

と 2 の右上に 5 を小さく書くことで表現します. このとき, 右上の数を**指数**と
呼びます. 2^5 と 2^3 を掛けてみると,

$$2^5 \times 2^3 = (2 \times 2 \times 2 \times 2 \times 2) \times (2 \times 2 \times 2)$$

となるので, $2^5 \times 2^3$ は 2 を 8 回掛けていることになり,

$$2^5 \times 2^3 = 2^8$$

となります. それでは m, n を自然数として, $2^m \times 2^n$ はどうでしょうか. こ
れは,

$$2^m \times 2^n = (\overbrace{2 \times 2 \times \cdots \times 2}^{m \text{個}}) \times (\overbrace{2 \times 2 \times \cdots \times 2}^{n \text{個}})$$

ですから, これは 2 を $m+n$ 回掛けていることになります. よって,

$$2^m \times 2^n = 2^{m+n}$$

となります. この計算において 2 という数字は特別な役割をもっていたわけで
はないので, 2 をどんな実数に換えてやってもよいわけです. よって,

(1) $a^m \times a^n = a^{m+n}$ (a は実数, m, n は自然数)

が成り立ちます.

次に, $(a^m)^n$ と 2 重に指数がついているものを考えてみましょう. これは,

$$(a^m)^n = (\overbrace{a \times a \times \cdots \times a}^{m \text{個}})^n$$
$$= \underbrace{(\overbrace{a \times \cdots \times a}^{m \text{個}}) \times (a \times \cdots \times a) \times \cdots \times (a \times \cdots \times a)}_{n \text{回}}$$

となりますから, a が m 個掛かったものが n 回掛かったものを表しています.
つまり, この数は a が $m \times n$ 回掛かった数を表しているので,

(2) $(a^m)^n = a^{mn}$ (a は実数, m, n は自然数)

が成り立つことがわかります.

ここまでは,指数はすべて自然数でした.それでは指数が 0 や負の整数のときはどうなるでしょう.まず a^0 を考えてみます.これだけではわかりにくいので a^2 と掛けて考えてみます.

$$a^0 \times a^2 = a^{0+2} = a^2$$

と (1) が成り立つようにしてみます.このためには,

$$a^0 = 1 \quad (a \text{ は実数})$$

と約束することにします.次に負の整数です.これも (1) が成り立つように定義したいので,n を正の自然数として次のように考えます.

$$a^n \times a^{-n} = a^{n-n} = a^0 = 1$$

をみると,a^{-n} は a^n の逆数すなわち,

$$a^{-n} = \frac{1}{a^n} \quad (a \text{ は実数}, n \text{ は自然数})$$

であればよいでしょう.これにより指数は整数全体で考えられるようになりました.

次に有理数全体にして考えてみます.まずは比較的簡単なものから考えていくことにします.$3^{\frac{1}{2}}$ を考えてみましょう.ここでは (2) が成り立つようにこのような数を定義します.

$$(3^{\frac{1}{2}})^2 = 3^{\frac{1}{2} \times 2} = 3^1 = 3$$

となります.よって,$3^{\frac{1}{2}}$ は 2 乗すると 3 になるような数です.すなわち,

$$3^{\frac{1}{2}} = \sqrt{3}, \ -\sqrt{3}$$

となります.しかし $3^{\frac{1}{2}}$ が 2 つの数を表すのはよくないので,

$$3^{\frac{1}{2}} = \sqrt{3}, \ -3^{\frac{1}{2}} = -\sqrt{3}$$

と約束することにしましょう.次に $\frac{1}{n}$ を指数にしてみます.先ほどと同様に,

$$(3^{\frac{1}{n}})^n = 3^1 = 3$$

ですから,$3^{\frac{1}{n}}$ は n 乗すると 3 になる数です.このような数を **n 乗根**といいます.最後に一般の有理数 $\frac{n}{m}$ (m は自然数, n は整数) を指数にしてみます.こ

れも,

$$3^{\frac{n}{m}} = (3^{\frac{1}{m}})^n$$

が成り立つように定義します. n が正であればこの数は $3^{\frac{1}{m}}$ を n 回掛けたものを表し, n が負であれば $\dfrac{1}{3^{\frac{1}{m}}}$ を $-n$ 回掛けたものを表しているわけです. ところでこの定義には 3 が正の実数であることを用いています. 負の数に対しては n 乗根が実数の中に存在するかどうかが問題になってきます. 複素数を考えれば, 必ず n 乗根は存在するのですが, ここでは実数に限っておきたいので, 負の数の平方根などは考えないことにします. 以上をまとめて, 次の**指数法則**が成り立ちます.

公式 4.6 (指数法則)

p, q を任意の有理数, a を正の実数としたとき,

$$(1) \quad a^p a^q = a^{p+q} \qquad\qquad (2) \quad (a^p)^q = a^{pq}$$

が成り立つ.

ここまでで指数はすべての有理数に拡張されましたがこれで十分とはいえません. 実数に対しても指数を定義したいのですがこれは少しやっかいです. たとえば,

$$2^{\sqrt{3}}$$

はどうでしょうか. 指数法則だけからこの数を定義することはできません. しかしこの数は, $1 < \sqrt{3} < 2$ ですから,

$$2 = 2^1 < 2^{\sqrt{3}} < 2^2 = 4$$

を満たすような数であると考えます. さらに, $1.7 < \sqrt{3} < 1.8$ ですから,

$$2^{\frac{17}{10}} < 2^{\sqrt{3}} < 2^{\frac{18}{10}}$$

となります. このように, 有理数の中にいくらでも $\sqrt{3}$ に近いものを選べば, $2^{\sqrt{3}}$ に近い数を求めてやることが可能です. 指数法則はすべての実数を指数としても成り立つことを知っておきましょう.

例題 4.12

次の指数を計算しましょう.

(1) $2^5 \cdot 2^{-3} \cdot 2^2$　　　　　　　(2) $(3^2)^3 \cdot (3^{-3})^2$

---

(1)　指数法則により,

$$2^5 \cdot 2^{-3} \cdot 2^2 = 2^{(5-3+2)} = 2^4 = 16$$

となります.

(2)　(1) と同様に指数法則から,

$$(3^2)^3 \cdot (3^{-3})^2 = 3^6 \cdot 3^{-6} = 3^{(6-6)} = 3^0 = 1$$

となります.

復習問題 4.10　次の指数を計算しましょう.

(1) $5^3 \cdot (5^2)^2 \cdot (5^3)^{-3}$　　　　　　(2) $4^3 \cdot \left(\dfrac{1}{2}\right)^{-3} \cdot (2^{-4})^2$

（2）　対数法則

　ここでは対数について説明します. 対数は指数と非常に深い関係があります
が, 今までに登場していません. そこで, まず対数に関する言葉を 1 つずつ紹介
していきます. まず実数 a, b に対して,

$$b = 2^a \quad \cdots\cdots \quad ①$$

が成り立っているとします. a が変われば当然それにあわせて b も変わるはず
です. たとえば, a が 2 であれば b は 4 です. 逆にまず $b = 3$ としてみましょ
う. このとき ① 式は,

$$3 = 2^a$$

となります. この a はどのような数でしょうか. この数を具体的に数字で表す
ことはできません. そこでこのような数を,

$$a = \log_2 3$$

と書きます. もっと一般的には, $a > 0, b > 0$ に対して,

$$b = a^c \quad \cdots\cdots \quad ②$$

となるような c が存在します. これを先の記号を使って,

$$c = \log_a b$$

と書きます. この式の右辺のような数を**対数**と呼び, また, a を対数の**底**, b を対数の**真数**と呼びます. log は logarithm (対数) の略です. 底および真数は正の実数であることに注意しましょう. また, ② 式において $a = 1$ とすると, どのような c に対しても $b = 1$ となって, a と $b (= 1)$ に対して c の値がただ 1 つに定まりません. よって, 底が 1 となるような対数は考えません. 対数に関して, 次の**対数法則**が成り立ちます.

公式 4.7 (対数法則)

r, s, t, A, B は正の実数で, $r \neq 1$, $s \neq 1$ とします. このとき, 次の式が成り立ちます.

(1)　$\log_r AB = \log_r A + \log_r B$

(2)　$\log_r \dfrac{A}{B} = \log_r A - \log_r B$

(3)　$\log_r A^t = t \log_r A$

(4)　$\log_r A = \dfrac{\log_s A}{\log_s r}$　　　　　(底の変換公式)

この (4) 番目の式を**底の変換公式**と呼びます. それではこれらの式が成り立っていることを確かめていきます. まず,

$$\log_r A = a, \ \log_r B = b$$

とおきます. このとき対数の定義から,

$$A = r^a, \ B = r^b$$

と書き直せます. 指数法則から,

$$AB = r^a r^b = r^{a+b}$$

です. これをもう一度対数の定義に基づいて書き直すと,

$$\log_r AB = a + b = \log_r A + \log_r B$$

となり (1) が成り立ちます. また, 指数法則により,

$$\frac{A}{B} = \frac{r^a}{r^b} = r^{a-b}$$

となるので, これを対数の定義により書き直せば,

$$\log_r \frac{A}{B} = a - b = \log_r A - \log_r B$$

となります. よって, (2) が成り立ちます. 次に $A = r^a$ の両辺を t 乗して,

$$A^t = (r^a)^t = r^{at}$$

を得ます. このとき指数法則を式変形に用いました. これを対数の定義によって書き直すと,

$$\log_r A^t = at = t \log_r A$$

となり, (3) が成り立つことがわかりました. 最後に (4) です. $r^a = A$ において両辺を底が s であるような対数の真数にしてみると,

$$\log_s r^a = \log_s A$$

となります. (3) によって左辺は書き換えることができて,

$$a \log_s r = \log_s A \quad \cdots\cdots \quad ③$$

となります. ここで $r \neq 1$ であるので, $\log_s r \neq 0$ であることがわかります. これは, $\log_s r = 0$ とすると対数の定義から,

$$r = s^0 = 1$$

となるからです. これから ③ 式の両辺を $\log_s r$ で割ることができて,

$$a = \frac{\log_s A}{\log_s r}$$

となります. $a = \log_r A$ ですから, 左辺を書き換えてやって (4) を得ます.

それでは実際に対数を計算してみましょう.

例題 4.13

次の対数を計算しましょう.

(1) $\log_2 3 + \log_2 5^2 - \log_2 15$ (2) $\log_2 6 + \log_4 3$

(1) 対数法則 (1), (2) により,

$$\log_2 3 + \log_2 5^2 - \log_2 15 = \log_2 \frac{3 \cdot 5^2}{15} = \log_2 5$$

となります. また, $15 = 3 \cdot 5$ だから, 対数法則 (1), (3) により,

$$\log_2 3 + \log_2 5^2 - \log_2 15 = \log_2 3 + 2\log_2 5 - \log_2 3 - \log_2 5$$
$$= \log_2 5$$

と計算してもよいでしょう.

(2) 一般に $a^1 = a$ だから, $\log_a a = 1$ であることを注意しておきます. 底の変換公式より,

$$\log_4 3 = \frac{\log_2 3}{\log_2 4} = \frac{\log_2 3}{\log_2 2^2} = \frac{\log_2 3}{2\log_2 2} = \frac{1}{2}\log_2 3$$

となります. よって,

$$\log_2 6 + \log_4 3 = \log_2 2 + \log_2 3 + \frac{1}{2}\log_2 3 = 1 + \frac{3}{2}\log_2 3$$

となります.

復習問題 4.11 次の対数を計算しましょう.

(1) $\log_5 20 + \log_5 100 - 2\log_5 4$ (2) $\log_2 3 \cdot \log_{81} 8$

4.6 指数関数

x の関数 $y = f(x)$ に対し, $f(x)$ が

$$f(x) = Aa^x \quad (A, a は定数で, 0 < a \neq 1)$$

という形で表されているとき, この関数を**指数関数**と呼びます. この形は指数関数を非常に一般的に表しています. たとえば, $y = 3 \cdot 2^{2x-1}$ などの関数を考えてみます. 指数法則により,

$$y = 3 \cdot 2^{2x-1} = 3 \cdot 2^{2x} \cdot 2^{-1} = \frac{3}{2} \cdot (2^2)^x = \frac{3}{2} \cdot 4^x$$

となるので, 実は指数関数であることがわかります. $0 < a$ としてあるのは, 定義域を実数全体にするためです. a が負の数のときは, 非常に多くの x に対し y の値が (実数として) 定まらなくなります. また, $a = 1$ のときは定数関数にな

るので除外してあります. それでは次の例題をもとに指数関数の性質をみていきましょう.

例題 4.14

次の指数関数のグラフを描きましょう.

(1) $y = 2^x$　　　　　　　　　(2) $y = \left(\dfrac{1}{2}\right)^x$

---

(1)　まずは x と y の対応表をつくってみましょう.

x	-4	-3	-2	-1	0	1	2	3	4
y	$\dfrac{1}{16}$	$\dfrac{1}{8}$	$\dfrac{1}{4}$	$\dfrac{1}{2}$	1	2	4	8	16

この関数は x の値が大きくなれば, 2 が多く掛かることになるので, y の値は大きくなっていきます. 逆に x の値が小さくなると, $2^{-100} = \left(\dfrac{1}{2}\right)^{100}$ というように $\dfrac{1}{2}$ が多く掛かることになるので, y の値は 0 に近くなります. 上の議論はあくまで x の値が整数の場合の話ですが, 実は x の値が有理数や無理数に対しても同じことが成り立ちます. また, 2^x は常に正の数であることも注意しておきます. これらのことを踏まえて, 通りそうな点をなめらかな曲線で結ぶと, グラフは図4.35のようになります. x 軸はこのグラフの漸近線になっています.

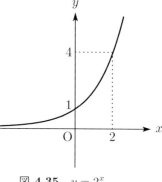

図 4.35　$y = 2^x$

(2) この関数は (1) とは立場が逆になっています. すなわち, x の値が大きくなると y の値は 0 に近くなり, x の値が小さくなると y の値は大きくなります. このことからグラフは図 4.36 のようになります. $\left(\dfrac{1}{2}\right)^x = 2^{-x}$ となるので, 実は (1) のグラフを y 軸に関して折り返したグラフになっています.

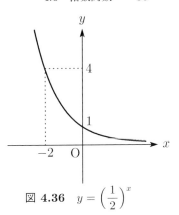

図 4.36　$y = \left(\dfrac{1}{2}\right)^x$

一般に, 指数関数 $y = Aa^x$ のグラフを y 軸を中心に折り返せば,

$$y = Aa^{-x} = A\left(\frac{1}{a}\right)^x$$

のグラフになります. また, 指数関数 $y = a^x$ は,

$$a > 1 \text{ のとき, } x \text{ が増加すれば, } y \text{ は増加}$$

$$0 < a < 1 \text{ のとき, } x \text{ が増加すれば, } y \text{ は減少}$$

となります. この性質は上からそれぞれ**単調増加**, **単調減少**と呼ばれます.

　特別な指数関数を紹介しておきます. 円周率を $\pi = 3.141592\cdots$ と表したのと同様に次のような数を考えます.

$$e = 2.718281\cdots$$

　この e に対して,

$$y = e^x$$

で与えられる関数をよく用います. この e は**自然対数の底**と呼ばれる数です. この名の由来は対数関数の最後に説明しますが, なぜこのような特別な関数を考えるのかは微分の章まで待ってください. とにかく $e > 1$ ですから, この関数のグラフは図 4.37 のような形をしています.

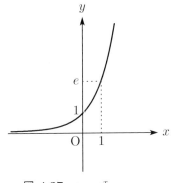

図 4.37　$y = e^x$

復習問題 4.12 次の関数のグラフを描きましょう.

(1) $y = -3^x$ (2) $y = 2^x - 2$

4.7 対数関数

x の関数 $y = f(x)$ に対し, $f(x)$ が

$$f(x) = \log_a x \quad (a \text{ は定数で}, 0 < a \neq 1)$$

という形で表されているとき, この関数を**対数関数**と呼びます. 真数の条件から, 定義域は $x > 0$ の実数となります. $0 < a \neq 1$ は対数が考えられるための条件です. それでは次の例題をもとに対数関数の性質をみていきましょう.

例題 4.15

次の対数関数のグラフを描きましょう.

(1) $y = \log_2 x$ (2) $y = \log_{\frac{1}{2}} x$

---

(1) まず, これまでの関数と同様に x と y の対応表をつくりたいのですが, これを直接行うのは面倒です. たとえば, $x = 1, 2, 3$ などを代入してみましょう.

$$\log_2 1, \ \log_2 2, \ \log_2 3$$

はどのような数でしょうか. $\log_2 1 = 0$, $\log_2 2 = 1$ とできますが, $\log_2 3$ はそうはいきません. そこでもう少し楽に表がつくれる方法を考えてみます. それは, 対数の定義に戻って関数の式を,

$$x = 2^y$$

と書き直してみましょう. このとき, y を与えることで x の値を決めていくことにすれば, 指数関数のときと同様に対応表がつくれるわけです.

y	-4	-3	-2	-1	0	1	2	3	4
x	16	8	4	2	1	$\dfrac{1}{2}$	$\dfrac{1}{4}$	$\dfrac{1}{8}$	$\dfrac{1}{16}$

この表をよくみると, 例題 4.14 でつくった指数関数 $y = 2^x$ の表と, 左の

x と y を入れ換えたこと以外はまったく同じです. これは $x = 2^y$ から
もわかるとおり, y のほうを変数とみると, x は y の指数関数になってい
ることを表しています. したがって, グラフは図 4.38 のように, ちょうど
$y = 2^x$ のグラフを直線 $y = x$ を中心に折り返したものになります.

(2) 問題の (1) と同様に, 関数の式を,

$$x = \left(\frac{1}{2}\right)^y$$

と書き直すことにより, x は y の指数関数になっていることがわかります.
したがって, グラフは図 4.39 のように, ちょうど $y = \left(\frac{1}{2}\right)^x$ のグラフを
直線 $y = x$ を中心に折り返したものになります. また, $y = 2^x$ のグラフ
を y 軸を中心に折り返せば $y = \left(\frac{1}{2}\right)^x$ のグラフになったので, $y = \log_2 x$
のグラフを x 軸を中心に折り返せば $y = \log_{\frac{1}{2}} x$ のグラフになります.

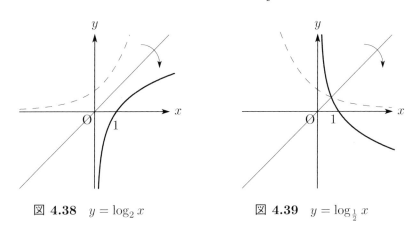

図 **4.38**　$y = \log_2 x$　　　図 **4.39**　$y = \log_{\frac{1}{2}} x$

　一般に, 指数関数 $y = a^x$ のグラフを直線 $y = x$ を中心に折り返したものが,
対数関数 $y = \log_a x$ のグラフになっています. したがって, 単調増加や単調減
少といった性質は指数関数のときと同じ対応になります. すなわち, 対数関数
$y = \log_a x$ は,

$$a > 1 \text{ のとき, 単調増加}$$

$$0 < a < 1 \text{ のとき, 単調減少}$$

となります. これらの性質は対数関数が指数関数の逆関数と呼ばれる関数であ
ることに起因しています. 逆関数については 4.8 節で詳しく述べます.

　ここで特別な関数を紹介しておきます. 4.6 節の終わりに自然対数の底 e を
紹介しました. この e を底とする対数を**自然対数**と呼び, 特別に

$$\ln x \quad \text{または} \quad \log x$$

と表します. e が自然対数の底と呼ばれる理由がここにあります. $\ln$ という記
号は natural logarithm (自然対数) から来ています. $\ln x$ と $\log x$ のどちらの
記号を使うかは分野ごとに流派があるようです. 数学では $\log x$, 物理学や経済
学では $\ln x$ が主流のようです. このテキストでは $\ln x$ という表記を用いること
にします. また, 10 を底とする対数は**常用対数**と呼ばれますが, これを $\log x$ で
表す学問分野もあるので注意が必要です. $y = \ln x$ のグラフは $y = e^x$ のグラ
フを直線 $y = x$ を中心に折り返したものなので, 図 4.40 のようになります.

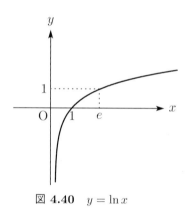

図 4.40　$y = \ln x$

復習問題 4.13　次の対数関数のグラフを描きましょう.

(1) $y = \log_2(x + 1) + 1$　　　　　　　　(2) $y = \log_2(-x)$

4.8　合成関数と逆関数

(1)　合成関数

　これまでにさまざまな関数について学んできましたが, ここで関数の合成に
ついて考えてみます. まず, y が x の関数, つまり $y = f(x)$ であるとは, 定

義域内の各 x に対して, y の値がただ 1 つ定まるということでした. 今, x の関数 $y = f(x)$ および y の関数 $z = g(y)$ が与えられたとします. もし, 関数 $z = g(y)$ の定義域が関数 $y = f(x)$ の値域を含めば, すなわち, 関数 $y = f(x)$ の値域の y に対して関数 $z = g(y)$ の値 z が定まっていれば, 関係式

$$z = g(f(x))$$

で z は x の関数と考えることができます. 実際, 関数 $y = f(x)$ の定義域内の x を定めれば, 関数 $z = g(y)$ の定義域内に関数 $y = f(x)$ の値 y がただ 1 つ定まり, その y に対して関数 $z = g(y)$ の値 z がただ 1 つ定まります. このようにしてつくられた関数 $z = g(f(x))$ を関数 $y = f(x)$ と関数 $z = g(y)$ の**合成関数**といいます. 合成関数を考えるときは, 関数 $y = f(x)$ の値域と関数 $y = g(x)$ の定義域との関係には十分注意が必要です.

例題 4.16

関数 $y = f(x)$, $z = g(y)$ の合成関数 $z = g(f(x))$ を求めましょう.

$$\begin{cases} f(x) = 2x + 1 & (-1 \le x \le 0) \\ g(y) = y^2 & (-1 \le y \le 1) \end{cases}$$

関数 $y = f(x)$ の値域は $(-1 \le y \le 1)$ となり, これは関数 $z = g(y)$ の定義域と一致しています. よって, 合成関数 $z = g(f(x))$ を考えることができて,

$$g(f(x)) = (2x + 1)^2 = 4x^2 + 4x + 1 \quad (-1 \le x \le 0)$$

となります.

復習問題 4.14 関数 $y = f(x)$, $z = g(y)$ の合成関数 $z = g(f(x))$ を求めましょう.

(1) $\begin{cases} f(x) = \dfrac{2}{x} & \left(\dfrac{1}{2} \le x \le \dfrac{3}{2}\right) \\ g(y) = \dfrac{y+1}{y-5} & \left(\dfrac{4}{3} \le y \le 4\right) \end{cases}$ 　(2) $\begin{cases} f(x) = \log_2 x & (1 \le x \le 4) \\ g(y) = 2^y & (0 \le y \le 3) \end{cases}$

(2) 逆関数

x の関数 $y = f(x)$ が与えられたとします. もし, 値域内の y に対して, ただ 1 つの x が定義域内に定まるのであれば, x は y の関数とも考えられます. この関数を関数 $y = f(x)$ の**逆関数**といい, 記号で

$$x = f^{-1}(y)$$

と表します. x を変数とするのが慣例ですので, x と y を入れ換えて,

$$y = f^{-1}(x)$$

とすることもあります. 逆関数の定めかたから, もとの関数の定義域, 値域がそれぞれ逆関数の値域, 定義域になります. 上に述べたように, 逆関数は x と y の間に 1 対 1 の対応がないと考えられないので注意が必要です. 定義域を制限しないと逆関数を考えられない場合が多々あります. また, 逆関数の定義の仕方から, 関数 $y = f(x)$ と $x = f^{-1}(x)$ の合成関数を考えることができ,

$$f^{-1}(f(x)) = x, \quad f(f^{-1}(y)) = y$$

が成り立ちます. 逆関数はこの関係式によっても特徴付けされます. 4.7 節において対数関数は指数関数の逆関数であると紹介しましたが, 実際にここで述べたことが対数関数と指数関数の間には成り立っています.

例題 4.17

関数 $y = f(x)$ に対し, 逆関数 $y = f^{-1}(x)$ が存在すれば求めましょう.

(1) $f(x) = 2x + 3 \quad (0 \leq x \leq 1)$ (2) $f(x) = x^2 \quad (-1 \leq x \leq 1)$

(3) $f(x) = x^2 \quad (0 \leq x \leq 1)$

---

(1) 関数 $y = f(x)$ の値域は $3 \leq y \leq 5$ であり, 値域内の y に対して x がただ 1 つ定義域の中に定まるので, 逆関数を考えることができます. $y = 2x + 3$ を y について解くことにより,

$$x = \frac{1}{2}y - \frac{3}{2}$$

となり, この式により逆関数が与えられることになります. よって, 変数を x に書き直せば, 逆関数

$$f^{-1}(x) = \frac{1}{2}x - \frac{3}{2} \quad (3 \leq x \leq 5)$$

が得られます.

(2) 関数 $y = f(x)$ の値域は $0 \leq y \leq 1$ です. たとえば, $y = 1$ に対しては, $x = \pm 1$ となり, x がただ 1 つ定義域の中に定まりません. よって, 逆関数は存在しないことになります.

(3) 関数 $y = f(x)$ の値域は $0 \leq y \leq 1$ です. この場合は (2) と違い, 値域内の y に対して, x がただ 1 つ定義域の中に定まるので, 逆関数を考えることができます. $y = x^2$ を y について解くことにより,

$$x = \pm\sqrt{y}$$

が得られますが, $x \geq 0$ に注意すれば,

$$x = \sqrt{y}$$

が逆関数を与える式であることがわかります. よって, 変数を x に書き直せば, 逆関数

$$f^{-1}(x) = \sqrt{x} \quad (0 \leq x \leq 1)$$

が得られます.

復習問題 4.15 関数 $y = f(x)$ に対し, 逆関数 $y = f^{-1}(x)$ が存在すれば求めましょう.

(1) $f(x) = \dfrac{x-1}{x-2} \quad (x \neq 2)$ (2) $f(x) = 2 \quad (0 \leq x \leq 3)$

4.9 不等式と領域

これまで x-y 平面には, x, y の方程式が表す曲線, 特に関数のグラフを描いてきました. ここでは x, y の不等式が x-y 平面上でどのように表現されるかをみていきます. x, y の不等式が与えられたとき, それを x-y 平面上に表現するには, 方程式のときと同様に考えます. すなわち, 不等式を満たすような実数 x, y の組 (x, y) を x-y 平面上に描くことによって表現します. このとき, x-y 平面上に描かれたものを不等式が表す**領域**と呼びます. また, 不等号を等号に換えたときにできる方程式が定める曲線を**境界線**と呼ぶことにします. それでは, 次の例題を考えてみましょう.

例題 **4.18**

次の不等式が表す領域を x-y 平面に図示しましょう.

(1) $x + y - 1 > 0$　　　　　　(2) $y \leq x^2 - 2x - 2$

(1)　この不等式を y について解くと,

$$y > -x + 1$$

となります. ゆえに, 境界線は一次関数 $y = -x + 1$ が定める直線になります. y の値が $-x + 1$ と等しくなるのが境界線上だから, $y > -x + 1$ となるのは y が境界線より上の部分であることがわかります. よって, 求める領域は図 4.41 の斜線部となります. 斜線部とそうでない部分の間には, 境界線からつくられる境界と呼ばれる曲線ができます. 境界上の点が領域に含まれるときは実線, そうでないときは破線で描くのが慣例になっています. この問題では含まれないので破線になっています.

(2)　まず, 境界線は 2 次関数 $y = x^2 - 2x - 2$ が定める放物線になります. 平方完成すると,

$$y = (x - 1)^2 - 3$$

なので, 軸は $x = 1$, 頂点は $(1, -3)$ です. この問題では不等号が "$\leq$" なので, $y \leq x^2 - 2x - 2$ は境界線以下の部分です. よって, 求める領域は図 4.42 の斜線部となります. 境界上の点を含むので, 境界は実線にしてあります.

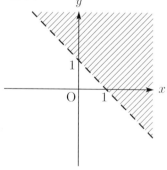

図 **4.41**　$x + y - 1 > 0$

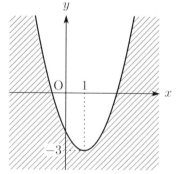

図 **4.42**　$y \leq x^2 - 2x - 2$

例題の中では境界線を関数のグラフとして表現できていました. したがって, x の関数 $y = f(x)$ が与えられたとき, 不等式 $y > f(x)$ や $y < f(x)$ が表す領域を求めるには, 例題の中で行った考察がそのまま有効になります. すなわち, y と $f(x)$ が等しくなるのが関数 $y = f(x)$ のグラフ上だから,

$y > f(x)$ となるのは y が関数 $y = f(x)$ のグラフより上方の部分

$y < f(x)$ となるのは y が関数 $y = f(x)$ のグラフより下方の部分

となります. このことを公式としてまとめておきましょう.

> **公式 4.8**
>
> $y = f(x)$ を x の関数とします. このとき,
>
> $y > f(x)$ が表す領域は関数 $y = f(x)$ のグラフより上方の部分
>
> $y < f(x)$ が表す領域は関数 $y = f(x)$ のグラフより下方の部分
>
> が成り立つ.

それでは, 次の例題を考えましょう.

> **例題 4.19**
>
> 次の不等式が表す領域を x-y 平面に図示しましょう.
>
> (1) $\begin{cases} y \geq x^2 \\ y < x + 1 \end{cases}$ $\qquad$ (2) $x^2 - y^2 - 2x + 1 \leq 0$

(1)　この問題は連立不等式なので, 求める領域は 2 つの不等式を同時に満たす場所です. すなわち, $y \geq x^2$ が表す領域と $y < x + 1$ が表す領域が重なる部分です. よって, 求める領域は図 4.43 の斜線部となります. 連立不等式などになると, 2 本の境界線の交点が境界上にくることがあります. このとき, 交点が領域上の点ならば黒点 "●", そうでなければ白抜き点 "○" で表すのが慣例となっています. この問題では, 2 本の境界線の交点は領域に含まれないので, 交点は白抜き点になります.

(2)　この不等式の左辺は,

$$x^2 - y^2 - 2x + 1 = (x - 1)^2 - y^2 = (x + y - 1)(x - y - 1)$$

と因数分解されるので, もとの不等式は

$$(x + y - 1)(x - y - 1) \le 0$$

となります. これから,

$$①: \begin{cases} x+y-1 \ge 0 \\ x-y-1 \le 0 \end{cases} \quad \text{または} \quad ②: \begin{cases} x+y-1 \le 0 \\ x-y-1 \ge 0 \end{cases}$$

がわかります (例題 3.3 参照). 求める領域は ① および ② から定まる領域を合わせた部分だから, 図 4.44 の斜線部となります.

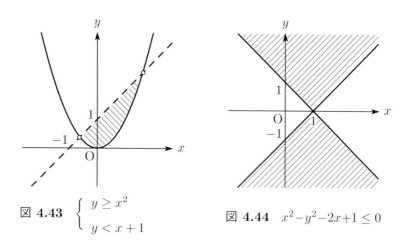

図 **4.43** $\begin{cases} y \ge x^2 \\ y < x+1 \end{cases}$

図 **4.44** $x^2 - y^2 - 2x + 1 \le 0$

復習問題 4.16 次の不等式が満たす領域を図示しましょう.

(1) $y \le \dfrac{1}{x}$　　　　　　　　　　　(2) $xy \le 1$

第 5 章

微分

第 4 章において関数とグラフについて学びました. 今まで出てきたグラフは, その関数の形から比較的容易に描くことができました. しかし, 一般の有理関数などのグラフは, その外形が複雑になっているため, 関数の形からグラフの外形を知ることは困難です. そこで, この章で学ぶ微分法が必要になってくるのです. この微分法は, さまざまな関数のグラフ外形を知るばかりでなく, 多くの問題を解決する手段となります. この微分法の有用性をこの章でみていきます.

5.1 関数の極限

（1） 収束と発散

まずこの節では, 微分を学ぶにあたってどうしても必要になってくる関数の極限について説明します. そこでまず, 極限という言葉を理解するために次の例題をみてください.

┌ 例題 5.1 ─────────

x の関数 $y = x + 1$ において, $x (> 2)$ を 2 に十分近づけたとき, y はどのような値に近づくのかを調べましょう.

まず x を 2 に近づけるとはどういうことでしょうか. これは, $x > 2$ ですから x を 2 にすることはできません. しかし, $x = 2 + \dfrac{1}{10}$ は 2 より大きいので, 問題ありません. このとき y は $y = 3 + \dfrac{1}{10}$ となります. しかし, 人によっては $2 + \dfrac{1}{10}$ では十分に 2 に近いと納得しないでしょう. そこで, 納得してもら

えない人に，どの程度の数なら 2 に十分近いかを尋ねることにしましょう．尋
ねたときに $2 + \dfrac{1}{1000}$ なら 2 に十分に近いと答えがある人から返ってきたと
しましょう．この人にとってみれば，$x = 2 + \dfrac{1}{1000}$ とすれば x は 2 に十分
近い値であるといえます．これでも不十分だという人がいれば，2 に $\dfrac{1}{1000}$ よ
りもっと小さな正の値を足してやればいいのです．このように $x > 2$ を満たし
ながら，x はいくらでも 2 に近い値をとることができます．これに応じて y は
どのような値をとるのでしょうか．$x = 2 + \dfrac{1}{10}$ のとき $y = 3 + \dfrac{1}{10}$ でした．
$x = 2 + \dfrac{1}{1000}$ のときには $y = 3 + \dfrac{1}{1000}$ です．一見すると，y は 3 に近づい
ているようです．それでは本当に y は 3 に十分近い値をとることができるので
しょうか．3 に十分近い数として

$$3 + s \qquad (s \text{ は十分小さな正の数})$$

を選んだとしましょう．この値以上に y が 3 に近くなるような x を定義域の
中に選ぶことができるでしょうか．これは

$$x = 2 + t \qquad (0 < t \leq s)$$

とすればよいのです．よって，どのような小さな数 s に対しても，x を $2 + s$ 以
上に 2 に近い値として選んでやれば，y は $3 + s$ 以上に 3 に近い値をとること
ができるのです．このように関数 $y = f(x)$ において，x をある値 a に，$x = a$
にならないように近づけたとき，y がある値 b に十分に近づくのであれば，その
値を関数 $y = f(x)$ の $x = a$ における**極限値**と呼びます．また，このとき，

$$x \to a \text{ のとき} \quad f(x) \text{ は } b \text{ に収束する}$$

といい，

$$\lim_{x \to a} f(x) = b \quad \text{または} \quad f(x) \to b \ (x \to a)$$

と書きます．それではもう少し具体的に，関数の極限値を求めることにします．

例題 5.2

次の関数の [ ] 内に示された点における極限値を求めましょう.

(1) $y = x^2 + 1$ [x = -1] (2) $y = \ln x$ [x = 1]

(3) $y = \dfrac{x^2 - x - 2}{x - 2}$ [x = 2]

(1) (ここからの説明は数学的に難しいので読みとばしてもらっても結構です). まず y がどのような値に近づいているか予想してみます.

$$y = x^2 + 1$$

の右辺第 1 項 x^2 を調べてみます. $x = -1 + \dfrac{1}{10}$ とすると,

$$x^2 = \left(-1 + \frac{1}{10}\right)^2 = 1 - \frac{2}{10} + \frac{1}{100}$$

です. 次に $x = -1 + \dfrac{1}{100}$ とすると,

$$x^2 = \left(-1 + \frac{1}{100}\right)^2 = 1 - \frac{2}{100} + \frac{1}{10000}$$

です. さらに $x = -1 + \dfrac{1}{1000}$ にしてみると,

$$x^2 = \left(-1 + \frac{1}{100}\right)^2 = 1 - \frac{2}{1000} + \frac{1}{1000000}$$

となります. うしろの 2 項は -1 に足す値が小さくなるほど小さな値をとっていることがわかります. これから右辺第 1 項は 1 に近づき, 全体として y は 2 に近づきそうです.

そこで, ある実数 s に対して, x を -1 に十分近い値に選べば, y は $2+s$ 以上に 2 に近い値をとっていることを証明してみます. まず $y = 2+s$ となるような x の値を見つけます.

$$2 + s - x^2 + 1 \quad \Leftrightarrow \quad 1 + s = x^2$$

ここで, $s > -1$ であれば両辺に平方根をとることができて,

$$x = \pm\sqrt{1 + s}$$

です. $-1 < s < 0$ かつ $x < 0$ であれば $-1 < x \le -\sqrt{1+s}$ すなわち $1 > -x \ge \sqrt{1+s}$ を満たす x を見つけることができます. 各辺を 2 乗す

ると $1 + s \le x^2 < 1$ ですから,

$$2 + s \le y = x^2 + 1 < 2$$

となり, y は $2 + s$ より 2 に近い値をとっています. $0 < s < 1$ かつ $x < 0$ のときはどうでしょうか. $-\sqrt{1 + s} \le x < -1$ より $1 < -x \le \sqrt{1 + s}$ を満たす x を選べば, $1 < x^2 \le 1 + s$ ですから,

$$2 < y = x^2 + 1 \le 2 + s$$

となりやはり y は $2 + s$ より 2 に近い値をとっています. これから, 求める極限値は,

$$\lim_{x \to -1} (x^2 + 1) = 2$$

となります. ここまでの説明は, $|s|$ が十分小さな値であることが前提です. このため, $-1 < s < 1$ の範囲のみを考えて極限値を求めてみました. ここでは非常に面倒な方法で極限値を求めました. しかし実際はもっと簡単に極限を求めることができます. それは単に x に -1 を代入すればよいのです. 一般に連続関数と呼ばれる関数の極限値は求めたい点の x の値を代入するだけで求めることができます. ただし, これは極限値を求めるテクニックであり, 極限値とは x に求める点の値を代入して得られる関数の値を表しているわけではないことに注意しましょう. 分母の値が 0 になるような点だけを注意しておけば十分です. とりあえずここでは,

$$(連続関数) = (グラフがつながっている)$$

という程度に理解しておいてください. これまでに学んだ関数およびその組み合わせはすべて連続関数と考えてください. 連続関数については 5.1.4 節で説明します.

(2) 先の問題において定義域の中では連続関数になっていると書きました. この問題の関数などは, 定義域が明示されていなくても $x > 0$ が定義域になっているわけです. この問題は代入するだけで極限値を求めてしまいます. この関数は対数関数の節で最後に紹介しておいた関数です.

$$\lim_{x \to 1} \ln x = \ln 1 = 0$$

となります.

(3)　この問題は分母が 0 になってしまうので $x = 2$ を直接代入できません.
　　そこで分子を因数分解してみると,

$$y = \frac{x^2 - x - 2}{x - 2}$$
$$= \frac{(x + 1)(x - 2)}{x - 2}$$
$$= x + 1$$

となるわけです. これなら $x = 2$ を代入できます. よって, 求める極限値は,

$$\lim_{x \to 2} \frac{x^2 - x - 2}{x - 2} = \lim_{x \to 2}(x + 1) = 3$$

となります.

　ここで変数のある値で極限値をもつ関数について非常に便利な性質が成り立つことが知られています. これは微分法を学ぶ際にも重要な役割をもっているので, ここで覚えてください.

公式 5.1

関数 $f(x)$, $g(x)$ が $x = a$ において極限値 α, β をもつとき, すなわち,

$$\lim_{x \to a} f(x) = \alpha, \quad \lim_{x \to a} g(x) = \beta$$

のとき,

(1)　$\displaystyle \lim_{x \to a} \{f(x) + g(x)\} = \alpha + \beta$

(2)　$\displaystyle \lim_{x \to a} \{c f(x)\} = c\alpha$ 　　　　　　　(c は定数)

(3)　$\displaystyle \lim_{x \to a} \{f(x) g(x)\} = \alpha\beta$

(4)　$\displaystyle \lim_{x \to a} \frac{f(x)}{g(x)} = \frac{\alpha}{\beta}$ 　　　　　　($\beta \neq 0$ のとき)

(5)　$\displaystyle \lim_{x \to a} g(f(x)) = g(\alpha)$ 　　　　ただし, $g(x)$ は連続関数

が成り立ちます.

(なお, 連続関数についての説明は p.103 から p.104 にかけて書いてあります).

復習問題 5.1   次の関数の [ ] 内に示された点における極限値を求めましょう.

(1) $y = \ln x + x^2$ $[x = 1]$ (2) $y = 2e^x + 3x + 5$ $[x = 2]$

関数がある値においていつでも収束し極限値をもっているわけではありません. たとえば, 分数関数 $y = \dfrac{1}{x}$ において $x > 0$ を保ちながら $x \to 0$ としたときには極限値が定まりません. これは x を 0 に近づけると y はいくらでも大きな値をとってしまうからです. このように変数 x をある値 a に近づけたとき, 関数 $f(x)$ の値がいくらでも大きくなるとき, 関数は**プラス無限大へ発散**するといい, 記号で,

$$\lim_{x \to a} f(x) = +\infty$$

と書きます. 次に先の関数 $y = \dfrac{1}{x}$ において, $x < 0$ を保ちながら $x \to 0$ としたときには, この関数の値は, マイナスの方向へいくらでも小さくなってしまいます. このように変数 x をある値 a に近づけたとき関数 $f(x)$ の値がいくらでも小さくなってしまうとき, 関数 $f(x)$ は**マイナス無限大に発散**するといい,

$$\lim_{x \to a} f(x) = -\infty$$

と書きます. この $+\infty$, $-\infty$ と関数の極限値をあわせて関数の**極限**と呼ぶことにします.

例題 5.3

次の関数の [ ] 内に示された点での収束, 発散を調べ極限を求めましょう.

(1) $y = \dfrac{x^2 - 4x + 3}{(x-3)^2}$ $(3 < x)$ $[x = 3]$

(2) $y = \dfrac{2^x - 2^{-x}}{2^x + 2^{-x}}$ $[x = 0]$

---

(1)   この関数に $x = 3$ を代入することはできません. とりあえず分子を因数分解してみると,

$$y = \frac{x^2 - 4x + 3}{(x-3)^2} = \frac{(x-3)(x-1)}{(x-3)^2} = \frac{x-1}{x-3}$$

となり $x - 3$ を 1 つ約分できます. しかし, まだ分母に $x = 3$ を代入できません. 仕方がないので, $x = 3$ の近くでの関数の振る舞いをみていき

ます. 分子は $x = 3$ の近くで 2 に近づきます. $x > 3$ のほうから $x = 3$ に近づけると, 分母は正の数のままで 0 に近づきます. これから関数は全体としてプラス無限大に発散します. 極限値は次のようになります.

$$\lim_{x \to 3} \frac{x^2 - 4x + 3}{(x-3)^2} = +\infty$$

(2) この関数は $x = 0$ を代入できます. 代入してみると,

$$\lim_{x \to 0} \frac{2^x - 2^{-x}}{2^x + 2^{-x}} = \frac{1-1}{1+1} = 0$$

となります. 極限値をもっているので収束です.

(**2**) 無限大の取り扱い

これまでに扱った極限はすべてある実数値に x を近づけたときのものでした. ここでは x を限りなく大きくしていったときの極限を考えます. まず, いくつかの表記法を挙げておきます. といっても, 今までに用いたものとほとんど変わりません.

$$\lim_{x \to +\infty} f(x) = a, \quad \lim_{x \to +\infty} f(x) = +\infty, \quad \lim_{x \to -\infty} f(x) = a$$

などの記法を用いることにします. 1 つ目の式は, x を十分大きな値にとれば, $f(x)$ の値は a に近づくという意味です. $x \to \pm\infty$ としたときにも公式 5.1 と同様のことが成り立ちます.

--- 公式 **5.2** ---

関数 $f(x)$, $g(x)$ が $x \to \pm\infty$ に対して極限値 α, β をもつとき, すなわち,

$$\lim_{x \to \pm\infty} f(x) = \alpha, \quad \lim_{x \to \pm\infty} g(x) = \beta$$

のとき,

(1) $\displaystyle \lim_{x \to \pm\infty} \{f(x) + g(x)\} = \alpha + \beta$

(2) $\displaystyle \lim_{x \to \pm\infty} \{cf(x)\} = c\alpha$ (c は定数)

(3) $\displaystyle \lim_{x \to \pm\infty} \{f(x)g(x)\} = \alpha\beta$

(4) $\displaystyle \lim_{x \to \pm\infty} \frac{f(x)}{g(x)} = \frac{\alpha}{\beta}$ ($\beta \neq 0$ のとき)

(5) $\displaystyle \lim_{x \to \pm\infty} g(f(x)) = g(\alpha)$ $g(x)$ は連続関数

が成り立ちます.

それでは具体的な問題を解いてみます.

例題 5.4

次の関数の極限を計算しましょう.

(1) $\displaystyle \lim_{x \to \infty} \frac{3}{x}$　　(2) $\displaystyle \lim_{x \to \infty} \frac{5x^2}{2x^2 + 3}$　　(3) $\displaystyle \lim_{x \to \infty} \frac{a}{\dfrac{1}{x}}$　　(a は 0 でない定数)

---

(1) $\dfrac{3}{x}$ において, x を十分大きくすると x はいくらでも小さくなり, 0 に近い値をとります. よって, 求める極限は,

$$\lim_{x \to \infty} \frac{3}{x} = 0$$

です. 一般に n を自然数として, 関数 $y = f(x) = x^{-n}$ の $x \to \pm\infty$ としたときの極限は,

$$\lim_{x \to \pm\infty} f(x) = 0$$

が成り立ちます. これと, 公式 5.2 を用いることでもこの問題を解くことができます.

(2) この極限を求めるには少し変形が必要です.

$$\lim_{x \to \infty} \frac{5x^2}{2x^2 + 3} \;=\; \lim_{x \to \infty} \frac{5}{\dfrac{2x^2 + 3}{x^2}} \qquad \leftarrow \text{分母, 分子を}\ x^2\ \text{で割る}$$

$$\;=\; \lim_{x \to \infty} \frac{5}{2 + \dfrac{3}{x^2}} \qquad \leftarrow \text{分母を整理}$$

となります. ここで公式 5.2 (5) を用いればこの極限は, $\dfrac{3}{x^2} \to 0$ を考慮して,

$$\lim_{x \to \infty} \frac{5}{2 + \dfrac{3}{x^2}} = \frac{5}{2}$$

となります.

(3) この問題も少し変形してから考えます.

$$\lim_{x \to \infty} \frac{a}{\dfrac{1}{x}} \;=\; \lim_{x \to \infty} ax \;=\; a \lim_{x \to \infty} x$$

となります. $a > 0$ のときは $+\infty$ に発散し, $a < 0$ のときは $-\infty$ に発散します.

復習問題 5.2 次の関数の $x \to \infty$ としたときの極限を計算しましょう.

(1) $y = e^{-x} + x^{-2}$　　　(2) $y = e^{-x+5}$　　　(3) $y = \dfrac{e^{-2x} + e^{-x}}{e^{-x}}$

（3）　特別な極限値

ここでは, 簡単には計算することのできない特別な極限値をいくつか紹介することにします. まずは自然対数の底 e という特別な数を第 4 章で紹介しておきました. この数は実は次のような関数の極限値です.

$$\lim_{x \to +\infty} \left(1 + \frac{1}{x}\right)^x = e$$

この e は無理数になることが知られています.

このほかに, 次の公式が成り立ちます.

公式 5.3

実数定数 $a > 0$ に対して,

$$\lim_{x \to +\infty} \frac{e^x}{x^a} = \infty, \quad \lim_{x \to +\infty} \frac{x^a}{e^x} = 0$$
$$\lim_{x \to +\infty} \frac{\ln x}{x^a} = 0, \quad \lim_{x \to +\infty} \frac{x^a}{\ln x} = \infty$$

が成り立ちます.

（4）　関数の極限と連続関数

これまでにも連続関数という言葉を何度か用いてきました. そこではグラフがつながっているような関数であると書きました. ここで, 極限の言葉を借りて**連続関数**を正確に定義します. 関数 $y = f(x)$ がある点 a において**連続**であるとは,

$$\lim_{h \to 0} f(a + h) = f(a)$$

が成り立つことです. 関数が定義域の中のすべての点で連続であるとき, その関数を連続関数と呼ぶわけです. つまり連続関数では定義域の中のすべての x

に対して,

$$\lim_{h \to 0} f(x + h) = f(x)$$

が成り立つのです.

5.2　関数の微分と導関数

（1）　微分係数と接線

　これまでに学んだ関数の極限を用いて関数の**微分**について説明します. まず微分するという操作をみていくことにします. 連続関数 $y = f(x)$ が与えられているとします. 関数 $y = f(x)$ を $x = a$ において微分するとは,

$$\lim_{h \to 0} \frac{f(a + h) - f(a)}{(a + h) - a}$$

を計算することです. この式は,

$$\lim_{h \to a} \frac{f(a) - f(h)}{a - h}$$

と書いても同じです. この極限が収束するとき, この極限値のことを $f(x)$ の $x = a$ における**微分係数**と呼びます. また, このとき関数 $f(x)$ は $x = a$ において**微分可能**であるといいます. つまり関数 $f(x)$ を $x = a$ で微分するとは, その点における微分係数を求めることです. 1番目の定義は分子を計算してやって h にしたほうがきれいです. しかしわざわざこう書いたのは, 微分係数の意味をわかりやすくするためです. まず, 1次関数の節で説明した傾きについて思い出してみましょう. 1次関数において x が変化したとき, それに応じて y も変化します. 傾きとは,

$$\frac{y \text{ の変化量}}{x \text{ の変化量}}$$

のことでした. 微分係数の定義の lim をとった式を考えてください. この式は 2点 $P = (a, f(a))$ および $P' = (a + h, f(a + h))$ を通る直線を l とすると, この直線 l の傾きを表しているのです. それではこの直線 l は, h を 0 に近づけるとどのように変化するでしょうか. h を 0 に十分近づけたときの直線 l を, 点 $(a, f(a))$ における関数 $y = f(x)$ の**接線**と呼びます. 微分係数はこの接線の傾きを表しているのです. この接線は必ず点 $(a, f(a))$ を通ることを注意しておきます. それでは具体的にいくつかの関数の微分係数を求めてみましょう.

例題 5.5

次の関数の [ ] 内に示された点における微分係数を求め, その点における接線の式を求めましょう.

(1) $y = f(x) = x^2$ 　[$x = 2$] 　　　　(2) $y = f(x) = 2x$ 　[$x = 0$]

(1) この問題は 2 つ目の定義を用いて計算します.

$$\lim_{h \to 2} \frac{f(2) - f(h)}{2 - h} = \lim_{h \to 2} \frac{4 - h^2}{2 - h}$$
$$= \lim_{h \to 2} \frac{(2 - h)(2 + h)}{2 - h}$$
$$= \lim_{h \to 2} (2 + h)$$
$$= 4$$

微分係数すなわち接線の傾きが求まっているので, あとは y 切片です. とりあえず y 切片を b とおきましょう. このとき接線の式は,

$$y = 4x + b$$

です. この直線は点 $(2, f(2)) = (2, 4)$ を通るので, これを接線の式に代入して,

$$4 = 4 \times 2 + b \quad \Leftrightarrow \quad b = -4$$

となります. これから, 求める接線の式は,

$$y = 4x - 4$$

となります.

(2) 微分係数の定義に基づいて計算するだけです. 1 番目の定義を使ってみましょう.

$$\lim_{h \to 0} \frac{f(0 + h) - f(0)}{(0 + h) - 0} = \lim_{h \to 0} \frac{2(0 + h) - 0}{h}$$
$$= \lim_{h \to 0} \frac{2h}{h}$$
$$= \lim_{h \to 0} \frac{2}{1}$$
$$= 2$$

問題 (1) と同様に，y 切片を b とおくと，

$$y = 2x + b$$

が接線になります．これに点 $(0, f(0)) = (0, 0)$ を代入して b を求めると，$b = 0$ となります．よって，接線の式は，

$$y = 2x$$

となります．これはもとの関数に一致しています．一般に，1次関数の接線の式は，どの点においてももとの関数に一致します．これを接線と呼ぶのにふさわしいかどうかわかりませんが，このテキストでは接線と呼ぶことにしましょう．

復習問題 5.3　次の関数の [ ] 内の点における微分係数を求めましょう．

(1) $y = f(x) = 2x$　$[x = 4]$ (2) $y = f(x) = x^2$　$[x = 3]$

（2）　導関数

　これまでに微分係数は接線の傾きであることを学びました．ところで，接線の傾きが正であるか負であるか，もしくは 0 であるかによって，もとの関数の性質が変わってきます．このことは微分の応用の節で説明します．ここでは，関数を微分する操作をもっと一般的な点において考えます．ある関数 $y = f(x)$ が与えられたとします．次の式

$$f'(x) = \lim_{h \to 0} \frac{f(x+h) - f(x)}{h}$$

で定義される関数 $y' = f'(x)$ を関数 $y = f(x)$ の**導関数**と呼びます．また，関数 y を x で微分したという意味で，

$$y' = \frac{dy}{dx}$$

と書くことがあります．ところでこれは，微分係数の定義において a を x に書き換えただけです．しかし，x は関数の定義域の中であれば，どのような値であってもよいわけです．はじめにこの導関数を求めておけば，x に a を代入することで，点 $x = a$ における微分係数を $f'(a)$ として求めることができます．

それでは代表的な関数の導関数を求めてみましょう. まずは,

$$y = f(x) = x$$

からです. 導関数の定義に基づいて,

$$
\begin{aligned}
y' = f'(x) &= \lim_{h \to 0} \frac{(x+h) - x}{h} \\
&= \lim_{h \to 0} \frac{h}{h} \\
&= \lim_{h \to 0} 1 \\
&= 1
\end{aligned}
$$

となります. 次に,

$$y = f(x) = x^2$$

です. 導関数の定義から,

$$
\begin{aligned}
y' = f'(x) &= \lim_{h \to 0} \frac{(x+h)^2 - x^2}{h} \\
&= \lim_{h \to 0} \frac{x^2 + 2xh + h^2 - x^2}{h} \\
&= \lim_{h \to 0} \frac{2xh + h^2}{h} \\
&= \lim_{h \to 0} (2x + h) \\
&= 2x
\end{aligned}
$$

となります. さらに,

$$y = f(x) = x^3$$

です. これも定義のとおりに,

$$
\begin{aligned}
y' = f'(x) &= \lim_{h \to 0} \frac{(x+h)^3 - x^3}{h} \\
&= \lim_{h \to 0} \frac{x^3 + 3x^2 h + 3xh^2 + h^3 - x^3}{h} \\
&= \lim_{h \to 0} \frac{3x^2 h + 3xh^2 + h^3}{h} \\
&= \lim_{h \to 0} (3x^2 + 3xh + h^2) \\
&= 3x^2
\end{aligned}
$$

となります. 一般的に関数 $y = f(x) = x^n$ (n は実数) の導関数は,

$$
y' = f'(x) = nx^{n-1}
$$

となることが知られています.

それでは次に, 対数関数 $y = f(x) = \log_a x$ の導関数を求めてみます. ここで $h > 0$ としておきます.

$$
\begin{aligned}
\lim_{h \to 0} f(x) &= \lim_{h \to 0} \frac{\log_a (x+h) - \log_a x}{h} \\
&= \lim_{h \to 0} \left(\frac{1}{h} \log_a \frac{x+h}{x} \right) \\
&= \lim_{h \to 0} \left\{ \frac{1}{x} \cdot \frac{x}{h} \log_a \left(1 + \frac{h}{x} \right) \right\} \\
&= \lim_{h \to 0} \left\{ \frac{1}{x} \log_a \left(1 + \frac{h}{x} \right)^{\frac{x}{h}} \right\}
\end{aligned}
$$

ここで, $\dfrac{h}{x} = t$ とおきます. このとき, $h \to 0$ とすれば $t \to 0$ です. したがって,

$$
\lim_{h \to 0} f(x) = \lim_{t \to 0} \left(\frac{1}{x} \log_a (1+t)^{\frac{1}{t}} \right)
$$

となります. さらに, $\dfrac{1}{t} = s$ とおきましょう. このとき, $t \to 0$ とすれば $s \to +\infty$ です. ここで $h > 0 \Rightarrow t > 0 \Rightarrow s > 0$ を用いました. これから求める微分係数は,

$$
\lim_{h \to 0} f(x) = \lim_{s \to \infty} \left\{ \frac{1}{x} \log_a \left(1 + \frac{1}{s} \right)^s \right\} = \frac{1}{x} \cdot \log_a e
$$

となります. ここで対数関数 $y = \ln x$ を考えてみましょう. この導関数は, $a = e$ とおけば求まるわけです. よって, 導関数 y' は,

$$y' = \frac{1}{x} \cdot \log_e e = \frac{1}{x}$$

となります. 面倒な係数 $\log_a e$ がなくなってくれます. このように自然対数の関数は非常に便利な性質をもっているため, ほかの対数関数よりも扱いやすいわけです.

　指数関数の導関数を求める前に次の公式を紹介しておきます. この公式を用いることにより, ほとんどの関数の導関数を求めることができます.

公式 5.4

　関数 $y = f(x)$, $u = g(x)$ の導関数を $y' = f'(x)$, $u' = g'(x)$ とします. このとき,

(1)　$\{f(x) + g(x)\}' = f'(x) + g'(x)$

(2)　$\{cf(x)\}' = cf'(x)$　　　　　　　　　　　　(c は定数)

(3)　$\{f(x)g(x)\}' = f'(x)g(x) + f(x)g'(x)$　　　（積の微分法）

(4)　$\left\{\dfrac{f(x)}{g(x)}\right\}' = \dfrac{f'(x)g(x) - f(x)g'(x)}{\{g(x)\}^2}$　　（商の微分法）

(5)　$\{f(g(x))\}' = f'(g(x)) \cdot g'(x) = \dfrac{dy}{du} \cdot \dfrac{du}{dx}$　（合成関数の微分法）

が成り立ちます. ただし $\{*\}'$ は $*$ を x で微分することを表しています.

　それでは証明していきます. この際に公式 5.1 を用います.

(1)　$y = f(x) + g(x)$ とおくと導関数の定義から,

$$
\begin{aligned}
y' &= \lim_{h \to 0} \frac{\{f(x+h) + g(x+h)\} - \{f(x) + g(x)\}}{h} \\
&= \lim_{h \to 0} \left\{ \frac{f(x+h) - f(h)}{h} + \frac{g(x+h) - g(x)}{h} \right\} \\
&= \lim_{h \to 0} \frac{f(x+h) - f(h)}{h} + \lim_{h \to 0} \frac{g(x+h) - g(x)}{h} \\
&= f'(x) + g'(x)
\end{aligned}
$$

(2) $y = cf(x)$ とおきます.

$$\begin{aligned}
y' &= \lim_{h \to 0} \frac{cf(x+h) - cf(x)}{h} \\
&= \lim_{h \to 0} \left\{ c \cdot \frac{f(x+h) - f(h)}{h} \right\} \\
&= c \cdot \lim_{h \to 0} \frac{f(x+h) - f(h)}{h} \\
&= cf'(x)
\end{aligned}$$

(3) $y = f(x)g(x)$ とおきます. ここで, $f(x)$, $g(x)$ は連続関数であることを特に注意しておきます. よって, 連続関数の定義から

$$\lim_{h \to 0} f(x+h) = f(x), \quad \lim_{h \to 0} g(x+h) = g(x)$$

が成り立っています. これを用いると,

$$\begin{aligned}
y' &= \lim_{h \to 0} \frac{f(x+h)g(x+h) - f(x)g(x)}{h} \\
&= \lim_{h \to 0} \frac{f(x+h)g(x+h) - f(x)g(x+h) + f(x)g(x+h) - f(x)g(x)}{h} \\
&= \lim_{h \to 0} \frac{\{f(x+h) - f(x)\}g(x+h) + f(x)\{g(x+h) - g(x)\}}{h} \\
&= \lim_{h \to 0} \left\{ \frac{f(x+h) - f(x)}{h} \cdot g(x+h) + f(x) \cdot \frac{g(x+h) - g(x)}{h} \right\} \\
&= \lim_{h \to 0} \left\{ \frac{f(x+h) - f(x)}{h} \cdot g(x+h) \right\} + \lim_{h \to 0} \left\{ f(x) \cdot \frac{g(x+h) - g(x)}{h} \right\} \\
&= f'(x)g(x) + f(x)g'(x)
\end{aligned}$$

(5) (4) はあとに回して, 先に (5) を証明します. ただし, 非常に一般的な関数に対して証明するのは困難です. そこで, 関数 $u = g(x)$ に対して限定を設けておきます. x が微小に変化したときの u の変化量は, 0 にはならないものとします. たとえば, u は定数関数 $u = 3$ などにはならないものとします. $u = g(x)$ として, 指数関数や対数関数, また, 1 次関数, 2 次関数を選んでいる限りは以下の証明方法で問題ありません. しかし, この合成関数の微分法は y, u が微分できる限り成り立っているので, 公式として使うときには気にせず用いてください. $u = g(x)$ は連続関数です. これ

から,

$$\lim_{h \to 0} g(x+h) = g(x)$$

です. $y = f(u)$, $u = g(x)$ とおくと,

$$
\begin{aligned}
y' &= \lim_{h \to 0} \frac{(y \text{ の変化量})}{h} \\
&= \lim_{h \to 0} \frac{(y \text{ の変化量})}{(u \text{ の変化量})} \cdot \frac{(u \text{ の変化量})}{h} \\
&= \left\{ \lim_{h \to 0} \frac{(y \text{ の変化量})}{(u \text{ の変化量})} \right\} \cdot \left\{ \lim_{h \to 0} \frac{(u \text{ の変化量})}{h} \right\}
\end{aligned}
$$

ここで, u の変化量が 0 にならないことを用いて, (5) を得ます.

(4) これは, 直接に微分の定義からも証明できますが, ここでは合成関数と積の微分法を用いて証明します. はじめに合成関数の微分法を用いて, $z = \dfrac{1}{g(x)}$ の導関数を求めます. $h(x) = \dfrac{1}{x}$ とおくと, $z = h(u)$ です. 合成関数の微分法により,

$$
\begin{aligned}
z' &= \frac{dz}{du} \frac{du}{dx} \\
&= \frac{-1}{u^2} g'(x) \\
&= -\frac{g'(x)}{\{g(x)\}^2}
\end{aligned}
$$

となります. さらに, $y = \dfrac{f(x)}{g(x)}$, $G(x) = \dfrac{1}{g(x)}$ とおいて積の微分法を用いると,

$$
\begin{aligned}
y' &= f'(x)G(x) + f(x)G'(x) \\
&= \frac{f'(x)}{g(x)} - \frac{f(x)g'(x)}{\{g(x)\}^2} \\
&= \frac{f'(x)g(x) - f(x)g'(x)}{\{g(x)\}^2}
\end{aligned}
$$

となります.

以上の公式を用いて指数関数 $y = a^x$ の導関数を求めてみます. まず関数の

式の両辺に自然対数をとってみます.

$$y = a^x \quad \Leftrightarrow \quad \ln y = \ln a^x$$

$$\Leftrightarrow \quad \ln y = (\ln a)x$$

この両辺を x で微分すると,

$$(\ln y)' = \ln a(x)' \quad \Leftrightarrow \quad y' \cdot \frac{1}{y} = \ln a \qquad \leftarrow \text{左辺に合成関数の}$$

$$\Leftrightarrow \quad y' = y \ln a = a^x \ln a \qquad \qquad \text{微分法を用いた}$$

となります. 特に $a = e$ のときには, $y = e^x$ の導関数は,

$$y' = e^x$$

となります. この関数の導関数は, もとの関数に一致しています. 最後に, これまでの基本的な関数の導関数をまとめておきます.

> **公式 5.5**
>
> $$y = x^n \quad \Rightarrow \quad y' = nx^{n-1}$$
>
> $$y = a^x \quad \Rightarrow \quad y' = (\ln a)a^x \qquad \text{特に,} \quad y = e^x \quad \Rightarrow \quad y' = e^x$$
>
> $$y = \log_a x \quad \Rightarrow \quad y' = \frac{\log_a e}{x} \qquad \text{特に,} \quad y = \ln x \quad \Rightarrow \quad y' = \frac{1}{x}$$

以上を用いて, 具体的な関数の導関数を求めてみましょう.

> **例題 5.6**
>
> 次の関数の導関数を求めましょう.
>
> (1) $y = (x^2 + 3)^3$ (2) $y = x^2 e^x$ (3) $y = \dfrac{x + 2}{(x^2 + 5)}$

(1) この問題を解くために, まず3乗を展開してから, 公式 5.4 (1), (2) を使って計算することもできます. しかし, ここでは, $u = x^2 + 3$ とおいて合成関数の微分法を用いることにします. このとき $y = u^3$ です. まずは u' を計算しておきます. 微分公式 (1) と x^n の導関数の式を用いることで,

$$u' = 2x$$

となります. これと合成関数の微分法から用いて,

$$y' = \frac{dy}{du}\frac{du}{dx}$$
$$= 3u^2 \cdot u'$$
$$= 3(x^2+3)^2(2x)$$
$$= 6x(x^2+3)^2$$

となります.

(2) この問題は積の微分法を用います. $f(x) = x^2$, $g(x) = e^x$ としましょう. このとき,

$$f'(x) = 2x, \quad g'(x) = e^x$$

です. これと積の微分法を用いることで,

$$y' = f'(x)g(x) + f(x)g'(x)$$
$$= 2xe^x + x^2e^x$$
$$= x(x+2)e^x$$

となります.

(3) この問題は, 積の微分法と合成関数の微分法を用いてもできますが, 商の微分法を用いましょう. $f(x) = x+2$, $g(x) = x^2+5$ とおきます. これらの導関数は,

$$f'(x) = 1, \quad g'(x) = 2x$$

です. これと商の微分法を用いて,

$$y' = \frac{f'(x)g(x) - f(x)g'(x)}{(g(x))^2}$$
$$= \frac{1 \cdot (x^2+5) - (x+2) \cdot 2x}{(x^2+5)^2}$$
$$= \frac{x^2+5-2x^2-4x}{(x^2+5)^2}$$
$$= \frac{-x^2-4x+5}{(x^2+5)^2}$$
$$= \frac{-(x+5)(x-1)}{(x^2+5)^2}$$

となります.

　ほとんどの関数の導関数が, 合成関数の微分法, 積の微分法, 商の微分法など
を組み合わせることにより求まります. 問題を多めに付けておくので練習して
ください.

復習問題 5.4　次の関数の導関数を求めましょう.

(1) $y = 2x^2 \ln x$

(2) $y = (x+1)^2 e^{x+1}$

(3) $y = e^{x^2 + 3x + 1}$

(4) $y = \dfrac{x+6}{x^2+3}$

(5) $y = \dfrac{x}{\ln x}$

(6) $y = \dfrac{e^x}{x^3+1}$

(7) $y = (x^2 + 1)^{\frac{1}{2}}$

(8) $y = e^{-x}(x + \ln x)$

(9) $y = (e^x + x^2)^3$

（3）　2 階導関数

　ある関数 $y = f(x)$ の導関数 $y' = f'(x)$ が計算できたとしましょう. この
導関数の関係式において y' は x の関数になっています. よって, さらにこの
導関数を微分することが考えられます. このようにして得られる導関数を関数
$y = f(x)$ の **2 階導関数**または **2 次導関数**と呼び,

$$y'' = f''(x)$$

と書きます. これに対して $y' = f'(x)$ を **1 階導関数**または **1 次導関数**と呼ぶ
ことがあります. さらに微分の操作を繰りかえしてやって, **n 階導関数 (n 次導
関数**) を考えることができます. この導関数にいくつも " $'$ " を付けて書くのは
面倒ですし, 数が増えてくるといくつ " $'$ " がついているのかわかりにくいの
で, n 階導関数を,

$$y^{(n)} = f^{(n)}(x)$$

と省略して書くことがあります. それでは, 次の例題をみていきましょう.

┌─ **例題 5.7** ─────────────────────

　次の関数の 2 階導関数を求めましょう.

(1) $y = xe^x$

(2) $y = x^3 \ln x$

(1)　$y = xe^x$ を x で微分して,

$$y' = e^x + xe^x = (1+x)e^x$$

となります. さらに x で微分して,

$$y'' = e^x + (1+x)e^x = (2+x)e^x$$

となります.

(2)　$y = x^3 \ln x$ を x で微分して,

$$y' = 3x^2 \ln x + x^3 \cdot \frac{1}{x} = 3x^2 \ln x + x^2$$

となります. さらに x で微分して,

$$y'' = 6x \ln x + 3x^2 \frac{1}{x} + 2x = 6x \ln x + 3x + 2x = x(6\ln x + 5)$$

となります.

復習問題 5.5　次の関数の 2 階導関数を求めましょう.

(1) $y = 2x^2 \ln x$　　　　　　(2) $(x+1)^2 e^{x+2}$

(3) $y = e^{x^2+3x+1}$　　　　　(4) $y = (x^2+1)^{\frac{1}{2}}$

5.3　増減表と関数のグラフ

（1）　増減表

　これまでに学んだ関数の導関数は決して無駄に定義したわけではありません. 複雑な関数のグラフを描くためには導関数が非常に重要な役割をもっているのです. 関数 $y = f(x)$ が与えられ, そこからこの導関数 $y' = f'(x)$ が求められたとします. この導関数の x にある値 a を代入して得られる値 $f'(a)$ は, 点 $(a, f(a))$ における関数 $y = f(x)$ の接線の傾きを表していることを学びました. ある点における接線の傾きが正であれば関数のグラフは, x が微小量増加したときに関数 y の値も増加することがわかります. $f'(x) > 0$ が成り立っている区間で, $f(x)$ は, x の増加とともに, 増加しているわけです. このことを, 関数 $f(x)$ は**単調増加**であるといいます. 逆に, 接線の傾きが負であれば, x が微小量増加すると y は減少するのです. $f'(x) < 0$ が成り立っている区間では x の増加とともに関数 y は減少します. このことを, 関数 $f(x)$ は**単調減少**で

あるといいます. このことを用いれば, 導関数の符号 (正負) を調べることで, もとの関数の増減がわかるのです. 関数の章ではグラフを描くにあたって x と y の対応表をつくりました. もう少し複雑な関数に対しては, **増減表**と呼ばれる表をつくると便利です. それは導関数の正負ともとの関数の増減を調べて表にしたものです. ところで導関数が 0 となる点はどのような点でしょうか. このような点は, その左右 (x を減らしても増やしても) で関数の値が減少している点である **極大値**と, 左右で関数の値が増加する**極小値**が存在します. この極小値と極大値をあわせて**極値**といいます. さらに, 一方では増加, 他方では減少となる**変曲点**もあります. 増減表の中には, 必ず極値を書くようにします. それでは具体的な関数に対して増減表を作成しグラフを描いてみます.

例題 5.8

次の関数の増減表を作成し, グラフを描きましょう.
$$y = f(x) = x^3 - 3x^2 - 9x + 8$$

まず導関数を求めることから始めます. この関数を微分すると,

$$y' = f'(x) = 3x^2 - 6x - 9$$

となります. 右辺を因数分解して,

$$y' = f'(x) = 3(x+1)(x-3)$$

となります. この導関数の符号を調べるには次のように考えます. 導関数が負であるような x の範囲と, 正であるような x の範囲を求めてみます. 2 次不等式の章の最後に載せておいた公式 3.1 を使うと,

$$y' = 3(x+1)(x-3) = 0 \quad \Leftrightarrow \quad x = -1, 3$$
$$y' = 3(x+1)(x-3) < 0 \quad \Leftrightarrow \quad -1 < x < 3$$
$$y' = 3(x+1)(x-3) > 0 \quad \Leftrightarrow \quad x < -1, \, 3 < x$$

となります. これで x の値と導関数の符号の対応がわかります. これをもとに増減表をつくると次のようになります.

x	$\cdots$	-1	$\cdots$	3	$\cdots$
$f'(x)$	$+$	0	$-$	0	$+$
$f(x)$	↗	13	↘	-19	↗

この表で ↗ は x の増加とともに y も増加していることを示しています. また, ↘ は x の増加とともに y が減少していることを表しています. この増減表から y は $x = -1$ で極大値 13 を, $x = 3$ で極小値 -19 をとっていることがわかります. この表をもとにグラフを描くと図 5.1 のようになります.

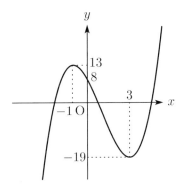

図 5.1　$y = x^3 - 3x^2 - 9x + 8$

復習問題 5.6　次の関数 $y = f(x)$ の増減表を作成し, グラフを描きましょう.

(1) $f(x) = x^2 - 2x + 5$ 　　　　　　　(2) $f(x) = x^3 + x^2 - x + 1$

(2)　関数の凹凸と 2 階導関数

グラフを描くことによって, $f'(x) = 0$ となる点が極大値であるか極小値であるかを判断することができました. しかし, グラフを描かなくても, 2 階導関数をみることで, $f'(x) = 0$ となる点が極大値であるか, 極小値であるか, また, そのどちらでもない変曲点であるかを判断することができます. まずは $y = f(x)$ の 2 階導関数のもつ意味を考えてみます. 2 階導関数は, 導関数 $y' = f'(x)$ の増減を表しているわけです. 導関数は, もとの関数 $y = f(x)$ の接線の傾きを表してるので, 2 階導関数は, もとの関数の接線の傾きの増減を表しているのです.

$f''(x) > 0$ の範囲で, 関数 $y = f(x)$ は下に凸であるといい, 逆に $f''(x) < 0$ である範囲において, $y = f(x)$ は上に凸であるといいます. $f'(x) = 0$ となる点が下に凸であるような区間の内部にあればその点は極小値であり, 上に凸であるような区間の内部にあればその点は極大値であり, さらに上に凸であるような区間と下に凸であるような区間の境界にあればその点は変曲点になっています. また, 下に凸である区間の内部では接線のグラフは関数のグラフの下にあり, 上に凸の区間内部では接線のグラフのほうが上に描かれることになります. この様子を以下の例題でみていきましょう.

例題 5.9

次の関数の 2 階導関数を求め, 関数の凹凸を調べましょう.
$$y = f(x) = e^x \quad (x > 0), \quad u = g(x) = \ln x \quad (x > 0)$$

これら関数の外形はすでに関数の章で紹介しましたが, ここでもう少し詳しく分析してみましょう. まず $f(x)$ の 1 階導関数は,

$$y' = f'(x) = e^x$$

です. 1 階導関数が常に正であり, この関数は定義域内で単調増加です. 次に $g(x)$ の 1 階導関数は,

$$u' = g'(x) = \frac{1}{x}$$

となります. この 1 階導関数も定義域内で常に正であり, それゆえ単調増加です. これだけではこれらの関数の外形を区別できません. しかし 2 階導関数を求めてみます.

$$f''(x) = e^x, \quad g''(x) = -\frac{1}{x^2}$$

これをみると, $f''(x) > 0$, $g''(x) < 0$ であることがわかります. よって, $y = f(x)$ のグラフは下に凸であり, $u = g(x)$ のグラフは上に凸です. これが, 関数の章で示した関数のグラフの外形が異なっている原因です. 指数関数のグラフはすべての点の接線が関数の下に描かれ, 対数関数のグラフではすべての点で接線が関数の上に描かれることになります.

─ 例題 **5.10** ─────────────

次の関数の導関数および, 2 階導関数を求め, 増減表をつくりましょう.
$$y = f(x) = ax^2 + bx + c \quad (a \neq 0)$$

まずは導関数および 2 階導関数を求めます.

$$y' = f'(x) = 2ax + b, \quad y'' = f''(x) = 2a$$

これから, $f'(x)$ の正負を調べたいのですが, これは a の正負によって変わってきます. まず $a > 0$ としましょう. このとき,

$$f'(x) > 0 \quad \Leftrightarrow \quad x > -\frac{b}{2a}$$

$$f'(x) < 0 \quad \Leftrightarrow \quad x < -\frac{b}{2a}$$

です. これをもとに増減表をつくりますが, ここでは $f''(x)$ も増減表の中に入れておきます.

x	$\cdots$	$-\frac{b}{2a}$	$\cdots$
$f''(x)$	$+$	$+$	$+$
$f'(x)$	$-$	0	$+$
$f(x)$	$\searrow$	$c - \frac{b^2}{4a}$	$\nearrow$

ここで, 2 階導関数は常に正です. このとき関数は下に凸になっているわけです. 下に凸の範囲では, 接線は関数よりも下にきます. 下に凸というのは下にふくらんでいるというイメージです. また, 一般に, $f'(x) = 0, f''(x) > 0$ となっている点では, 関数は極小値をとっているのです.

次に, $a < 0$ としてみます. このとき,

$$f'(x) > 0 \quad \Leftrightarrow \quad x < -\frac{b}{2a}$$

$$f'(x) < 0 \quad \Leftrightarrow \quad x > -\frac{b}{2a}$$

です. これをもとに増減表を書くと次のようになります.

x	$\cdots$	$-\dfrac{b}{2a}$	$\cdots$
$f''(x)$	$-$	$-$	$-$
$f'(x)$	$+$	0	$-$
$f(x)$	$\nearrow$	$c-\dfrac{b^2}{4a}$	$\searrow$

2次導関数は負です. 今度は関数が上に凸になっているわけです. このとき接線は関数よりも上にあります. また, 一般に, $f'(x)=0$, $f''(x)<0$ となっている点で, 関数 $y=f(x)$ は極大値をとることが知られています.

関数の式が非常に複雑で, グラフを描くのが面倒なときがあります. このような関数に対して極大値や極小値を求めたいときに, 1階導関数と2階導関数を調べればよいのです. 以下に公式としてまとめておきます.

公式 5.6

関数 $y=f(x)$ に対して次のことが成り立ちます.

$$f'(a)=0,\ f''(a)>0 \quad \Rightarrow \quad x=a \text{ において極小値 } f(a) \text{ をもつ}$$

$$f'(a)=0,\ f''(a)<0 \quad \Rightarrow \quad x=a \text{ において極大値 } f(a) \text{ をもつ}$$

復習問題 5.7　次の関数 $y=f(x)$ の極大値, 極小値を求めましょう.

(1) $f(x)=(x+1)e^x$　　(2) $f(x)=x^3-3x$　　(3) $f(x)=xe^{-x}$

5.4　関数の近似

(1)　関数の1次近似

ここでは, 1階微分可能な関数が十分に狭い区間では1次関数で近似できることを説明します. まず, はじめにある関数の **1次近似式** とは以下で定義される1次関数のことです.

公式 5.7

1 階微分可能な関数 $f(x)$ が実数全体で定義されているとする. このとき $x = a$ における関数 $f(x)$ の 1 次近似式 $g(x)$ は, その点での微分係数を $f'(a)$ として,

$$g(x) = f(a) + f'(a)(x - a)$$

と表される.

次に, さまざまな関数の 1 次近似式 $g(x)$ を求めてみましょう.

例題 5.11

次に挙げる関数の与えられた点における 1 次近似式 $g(x)$ を求めましょう.

  (1) $f(x) = x^2$ $(x = 1)$ (2) $f(x) = e^{2x} + x$ $(x = 0)$

---

(1) 関数 $f(x)$ の導関数は $f'(x) = 2x$ であるので, $x = 1$ における微分係数は $f'(1) = 2$ です. また, $f(1) = 1$ であるので, 関数 $f(x)$ の近似式 $g(x)$ は

$$g(x) = 1 + 2(x - 1) = 2x - 1$$

となります.

(2) 関数 $f(x)$ の導関数は $f'(x) = 2e^{2x} + 1$ であるので, $x = 0$ における微分係数は $f'(0) = 3$ です. また, $f(0) = 1$ であるので, 関数 $f(x)$ の近似式 $g(x)$ は

$$g(x) = 1 + 3(x - 1) = 3x - 2$$

となります.

次に, 上の例題 5.11 (1) で挙げた 1 次近似式がもとの関数の近似になっているのか, 数値を具体的に入れて確かめてみましょう. 今仮に, 先に挙げた狭い区間として $x = 1$ の前後の区間 $\dfrac{1}{2} \leqq x \leqq \dfrac{3}{2}$ をとります. このとき, $x - \dfrac{1}{2}$, $\dfrac{3}{4}$, $\dfrac{7}{8}$, 1, $\dfrac{9}{8}$, $\dfrac{5}{4}$, $\dfrac{3}{2}$ における関数 $f(x), g(x), f(x) - g(x)$ の値は,

x	$\dfrac{1}{2}$	$\dfrac{3}{4}$	$\dfrac{7}{8}$	1	$\dfrac{9}{8}$	$\dfrac{5}{4}$	$\dfrac{3}{2}$
$f(x)$	$\dfrac{1}{4}$	$\dfrac{9}{16}$	$\dfrac{49}{64}$	1	$\dfrac{81}{64}$	$\dfrac{25}{16}$	$\dfrac{9}{4}$
$g(x)$	0	$\dfrac{1}{2}$	$\dfrac{3}{4}$	1	$\dfrac{5}{4}$	$\dfrac{3}{2}$	2
$f(x)-g(x)$	$\dfrac{1}{4}$	$\dfrac{1}{16}$	$\dfrac{1}{64}$	0	$\dfrac{1}{64}$	$\dfrac{1}{16}$	$\dfrac{1}{4}$

となります. 関数を展開した点 $x=1$ に近い値ほど, 上の表の $f(x)-g(x)$ の値は 0 に近づきます. つまり, 点 $x=1$ 以外の点 $\tilde{a}$ を $x=1$ に近づければ, $g(\tilde{a})$ の値は, $f(1)$ の値に近づくことがわかります.

　ここでは, 応用数理分野における重要な関数の展開として, **テーラー展開**と呼ばれるものがあります.

公式 5.8 (テーラー展開)

関数 $f(x)$ が区間 $a<x<b$ 上で何回でも微分可能なとき, この関数は $x=c\ (a<c<b)$ の点で

$$f(x) = f(c) + \frac{f'(c)}{1!}(x-c) + \frac{f''(c)}{2!}(x-c)^2 + \cdots + \frac{f^{(n)}(c)}{n!}(x-c)^n + \cdots$$

(ここで, $f^{(n)}$ は n 階導関数, $n! = n(n-1)(n-2)\cdots 2\cdot 1$ である)

のように展開できます.

　正確には, 多少の条件が必要ですが, ここでは, 細かいことは気にせず関数がこのように展開できることを憶えてください.

復習問題 5.8　次に挙げる関数の与えられた点における 1 次近似式 $g(x)$ を求めましょう.

(1)　$f(x) = e^x \quad (x=0)$

(2)　$f(x) = x^2 - 3x + 1 \quad (x=0)$

(3)　$f(x) = 3xe^{x^2} \quad (x=1)$

第6章

経済学への応用

　この章では，今まで学んできた数学がどのように経済学に応用されているか
を簡単に紹介していきます．

6.1　ケインズの消費関数

　4.2 節で学んだ 1 次関数を扱う典型的な例を紹介します．私たちはいろいろ
な品物をお金を払って買っています．このような行動を**消費**といいます．通常，
みなさんは財布の中身と相談して，買うものや買う量を決めていると思います．
懐が温かいときにはちょっとしたレストランでリッチな食事を…となるでしょ
うが，金欠のときにはとにかく安いもので食事は済ませる，という風になるで
しょう．つまり，いろんな品物の購入量は手持ちのお金に正比例しているといえ
ます．ちなみに商品の購入量のことを**消費量**，手持ちのお金のことを**所得**とい
います．いい換えますと，消費量は所得に正比例しているといえます．では，消
費という行動を国全体という規模で考えたらどうなるでしょうか？　20 世紀を
代表する経済学者であるケインズは，国全体の消費量というものも，国民の稼い
で得たお金である**国民所得**に正比例すると考えて，次のように定式化しました．

$$C = cY + \overline{C} \quad \cdots\cdots \ (*)$$

　C は国民全体の消費量，Y は国民所得，c は所得のうち消費に回す割合を示し
ており**限界消費性向**と呼ばれるものです．手持ちのお金以上の消費を行うこと
はできませんので，限界消費性向の値は 0 と 1 との間の値となります．$\overline{C}$ は生
活必需品の購入に回す部分で**基礎消費**と呼ばれる部分です．$(*)$ 式をグラフに

描くと図6.1のようになります. 傾きは限界消費
性向, 縦軸切片は基礎消費となっていることを確
認しましょう. つまり, 消費量は, 所得に依存す
る部分と依存せず一定の部分 (基礎消費) とに分
けられるというわけです. ケインズは, 生活必需
品の消費量は所得の多寡によらず一定と考え, こ
れを基礎消費と名付け, それを除く消費部分は,
所得に正比例すると考えたのです.

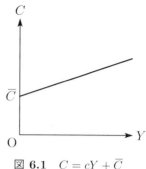

図 **6.1** $C = cY + \bar{C}$

6.2 利潤関数

4.3節で学んだ2次関数を扱う典型的な例を紹介します. 経済学では一般に
会社というものは, 利潤 (もうけのこと) を最大にするように生産量を決定する,
と考えます. つまり, 利潤は生産量の関数として示せます. これを**利潤関数**とい
います. 今, 利潤を y (単位：百万円), 生産量を x (単位：千個) とすると, 次の
ような利潤関数に直面した会社は, 利潤を最大にするためにどれだけ生産する
でしょうか?

$$y = -x^2 + 24x - 80$$

x の2次の項は -1 なので, この2次関数は頂点をもちます. その頂点の横軸
座標の値を求めればよいわけです. 平方完成により上式を変形しますと次のよ
うになります.

$$y = -(x - 12)^2 + 68$$

つまり, 利潤を最大にするためには, 12000個生産すればよいことがわかりま
す. そのときの利潤は, 6800万円です. ちなみに利潤が0となるときの生産量
を, 2次方程式の解の公式を使用して求めてみると, $x = 4, 20$ となります.

6.3 効用と消費量

4.4節で学んだ1次分数関数を扱う典型的な例を紹介します. ケインズの消
費関数の際にも書きましたが, 通常, 私たちはものを買うときに, 財布の中身と
相談してから買うようにしております. でも, 欲しくないものをわざわざ買う

人もそうはいないでしょう. 経済学では買った品物から得られるうれしさみたいなもののことを, **効用**と名付けております. そして, 経済学では, 財布の中身である所得という制約のもとで, 効用を最大化するように消費者は消費量を決定する, と仮定して分析を行います.

話を簡単にするために, 世の中に 2 種類の品物 (これを経済学用語では**財**といいます) しかないとします. 簡単化のために, CD と本としましょう. CD の消費量を x, 本の消費量を y, CD の価格を 3(千円), 本の価格を 1(千円) とします. 今, ある人が 9(千円) で, 自分の効用を最大化するように, CD と本とをいくらずつ買うか? ということを考えてみましょう. おおざっぱに説明しますと次のようになります. この人は, 予算のことを度外視すれば, 両方とも沢山買えればいいに越したことはない, と考えているはずです. なぜなら, 両者の消費量が増えれば効用は増大するからです. つまり, CD を 1 枚, 本 3 冊よりも, CD を 2 枚, 本を 3 冊のほうが望ましいはずです. では, CD を 2 枚と本を 4 冊から得られる効用と同じだけの効用を得るためには, CD を 1 枚にしたとき, 本を何冊買えばよいのでしょうか?

当然, 本の冊数は 3 より多くなると考えるのは自然でしょう. この人は 6 冊買えば同じ効用を得られるとします. このとき, CD を 2 枚, 本を 3 冊という消費量の組み合わせと, CD を 1 枚, 本を 6 冊というそれとは無差別であるといいます.

無差別な 2 つの財の消費量の組み合わせを順々に結んでいって作成した曲線のことを**無差別曲線**といい, 通常は 1 次分数関数の形状で示されるような形をしている, と仮定します. 今, 無差別曲線を

$$y = \frac{k}{x}$$

としておきます.

一方で, 予算は 9 千円ですから, いくら沢山買おうとしても限度があります. そのことを数式で表現すると次のようになります.

$$3x + y = 9$$

上式の左辺は支出額の合計であり, それは予算を使い切ったとしても右辺に示した 9 千円をこえることはありません. これを**予算制約式**といいます.

以上で準備は OK です．これらを x-y 平面上
に描きますと，図 6.2 のようになります．ちなみ
に，予算制約式を描いたグラフを**予算線**と呼びま
す．無差別曲線は，各効用水準毎にいくらでも無
数に描くことができます．各財の消費量の多い右
上の無差別曲線ほど，効用が高いのはいうまでも
ありません．したがって，所得の制約のもとで効
用を最大にする消費量は，無差別曲線と予算線の
接点ということになります．

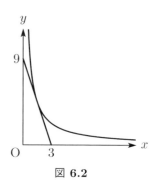

図 **6.2**

6.4　研究開発活動

4.6 節で学んだ指数関数を扱う典型的な例を紹介します．経済学では，モデル
というものを立てて経済現象の分析を行います．そのときには，現実の経済活
動を非常に単純化して捉えることもしばしばです．この辺に対して違和感を有
する人とそうでない人との間に，経済学を好きになるか嫌いになるかの境目が
ありそうです．そのような例を，あえて示しておきます．

　一般に新製品や新製法といったイノヴェーションを生むための経済活動のこ
とを**研究開発活動 (R&D 活動)** といいます．会社は研究所を設けたりして，日
夜，イノヴェーションを生むためにお金を投じています．しかし，お金をかけれ
ば，必ず成果があがるということは保証されておりません．つまり，成果が上が
るかどうかは不確実性が伴います．この状況を簡単に記述するためにはどうし
たらよいでしょうか？

　まったく R&D 活動にお金をかけなかったら，新たなものが生まれる確率は
0 であること，加えて，もし無尽蔵にお金をかけることができれば，ほぼ確実に
新たな成果を得ることができるであろうこと，この 2 つの事柄はまあ支持して
いただける内容でしょう．そして，R&D にかけるお金が増えれば，成果が上が
る確率が上昇しますが，確率の増えかたはだんだん鈍くなるということを想定
しましょう．

　この想定はかなり現実の状況を反映していると考えられます．つまり，x を
R&D 支出，y をイノヴェーションの生まれる確率とすると，x と y との関係は，

図 6.3 に示したようなグラフとなるでしょう.

このようなグラフは, 指数関数を使用して描くことができます. $a > 1$ とすると, $0 < \dfrac{1}{a} < 1$ なので, たとえば,

$$y = 1 - a^{-x}$$

という風に定式化してやればよいことがわかります. このように, 経済学では, 分析の簡単化のために, R&D 活動とイノヴェーションの生まれる確率との間の関係を単純化してとらえることがあります.

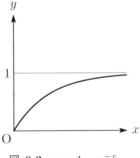

図 **6.3** $\quad y = 1 - a^{-x}$

6.5 需要の価格弾力性

5.3 節で学んだ 1 階導関数の知識を用いて, 次のような応用を考えてみます. ある企業が商品 A を売りだすとしましょう. 商品 A の価格を p, 商品 A の需要量 (買われる量) を x とし, 商品 A の生産に一定の費用 C がかかるとします. また, 需要量 x は価格 p の関数, つまり, $x = f(p)$ と表せているものとします. この f を **需要曲線** と呼ぶことにします. 需要と供給の関係から価格 p が上昇すれば, 需要量 x は減少します. したがって, 需要量 x は価格 p に対して単調減少, すなわち,

$$\frac{dx}{dp} < 0$$

と表せます. このとき, 企業 (会社) の収入 R は

$$R = px = pf(p) \quad (価格 \times 買われた個数)$$

と表せます. このとき, 価格 p を微小に増加させたとき, 収入 R はどのように変化するでしょうか.

収入 R の導関数 $\dfrac{dR}{dp}$ は

$$\frac{dR}{dp} = \frac{d(px)}{dp}$$

$$= p\frac{dx}{dp} + x\frac{dp}{dp} \qquad \leftarrow \text{積の微分法}$$

$$= x + p\frac{dx}{dp} \qquad \leftarrow \frac{dp}{dp} = 1$$

$$= x\left(1 + \frac{p}{x}\frac{dx}{dp}\right)$$

となります. この導関数 $\frac{dR}{dx}$ は, 利潤 R の価格 p に対する増減を表しています. 需要量は 0 以下にならないので, 需要量 x の範囲は $x > 0$ です. したがって,

$$1 + \frac{p}{x}\frac{dx}{dp} > 0$$

であれば, 価格 p の増加とともに収入 R も増加し,

$$1 + \frac{p}{x}\frac{dx}{dp} < 0$$

であれば, 価格 p の増加とともに収入 R は減少します. 以上の条件を整理すれば,

$$\begin{cases} -\dfrac{p}{x}\dfrac{dx}{dp} < 1 & \Rightarrow & \dfrac{d\pi}{dp} > 0 \\[2mm] -\dfrac{p}{x}\dfrac{dx}{dp} > 1 & \Rightarrow & \dfrac{d\pi}{dp} < 0 \end{cases}$$

となります. この $-\dfrac{p}{x}\dfrac{dx}{dp}$ を需要の**価格弾力性**といい, η で表します. また, $\eta > 1$ のとき, 需要曲線 $f(p)$ は**弾力的**であるといい, $\eta < 1$ のとき, 需要曲線 $f(p)$ は**非弾力的**であると呼びます. 次に, 価格弾力性 η を変形すると,

$$\eta = -\frac{p}{x}\frac{dx}{dp} = -\frac{\dfrac{dx}{x}}{\dfrac{dp}{p}}$$

となり, $\dfrac{dp}{p}$ は価格 p の変化率, $\dfrac{dx}{x}$ は需要量 x の変化率を表していることから,

$$\text{需要の価格弾力性} = -\frac{\text{需要量の変化率}}{\text{価格の変化率}}$$

とも書き表せます. このことから, 需要の価格弾力性とは価格変化に対する需要量の変化を意味していることがわかります. 直感的には, 弾力性 η が 1 よりも小さければ, 価格変化に対して需要量がより鈍く反応することを意味し, 弾力性 η が 1 よりも大きければ, 価格変化に対して需要量がより敏感に反応することを意味しています.

例題 6.1

需要曲線 $f(p)$ が

$$f(p) = ap^{-b} \quad (a > 0,\ b:\text{実定数})$$

であるとします. このとき, 需要の価格弾力性 η を求めましょう.

需要曲線 $f(p)$ の導関数 $\dfrac{f(p)}{dp}$ は,

$$\frac{df(p)}{dp} = -abp^{-b-1}$$

となります. また, $a > 0$ であることから, 需要の価格弾力性 D は定義可能で,

$$\begin{aligned}
\eta &= -\frac{p}{f(p)}\frac{df(p)}{dp} \\
&= abp^{-b-1}\frac{p}{ap^{-b}} \\
&= b
\end{aligned}$$

となります. このことから, 需要曲線がこの例題のように表現されているとき, 価格変化に対する需要量の変化は価格に依存することなく一定の値 b であることがわかります. このとき, 費用が一定とすると, $b > 1$ であれば, 企業の収入は価格を上げれば上げるほど増加し, 逆に $b < 1$ であれば, 収入は価格を安くすればそれだけ増加するわけです. また, $b = 1$ とすると価格に関係なく収入は一定です.

例題 6.2

需要曲線 $f(p)$ がある正の定数を k として,

$$f(p) = -kp + 6 \quad \left(0 < p < \frac{6}{k}\right)$$

で与えられており, この費用は一定値 C であるとします. 企業の利潤 π を最大にする価格 p とそのときの利潤 π を求めましょう. ここで, 価格 p の範囲を $p < \frac{6}{k}$ としているのは需要曲線 $f(p)$ を正とするためです.

まず, 利潤の定義 (収入 − 費用) から,

$$\pi = pf(p) - C = -kp^2 + 6p - C$$

です. これを価格 x で微分すると,

$$\pi' = -2kp + 6$$
$$\pi'' = -2k$$

となります. $p = \frac{3}{k}$ のとき, $\pi' = 0$ であることに注意して π の増減表を書くと,

p	0	$\cdots$	$\frac{3}{k}$	$\cdots$	$\frac{6}{k}$
π'	$+$	$+$	0	$-$	$-$
π''	$-$	$-$	$-$	$-$	$-$
π	-	↗	$\frac{9}{k} - C$	↘	-

となります. したがって, 価格 p が $\frac{3}{k}$ のとき, 利潤 π は最大値 $\frac{9}{k} - C$ をとります.

6.6　企業の利潤最大化行動

5.3 節でみた極大値を求める条件を経済学の問題に応用してみましょう. 経済学では企業 (会社) の行動は, 利潤 (もうけ) を最大にするという風に仮定しています. 今, 利潤を π としますと, 利潤は生産量 z の関数として表せますので,

たとえば, $\pi = \pi(z)$ と書けます. $\pi(z)$ を次のように 2 次関数として特定化します.

$$\pi(z) = az^2 + bz$$

ここで, この関数が極大値をもつためには, パラメータである a と b の符号条件がどのようにならなければいけないかを, 1 階の条件と 2 階の条件から確認してみましょう. 1 階の条件および 2 階の条件は,

$$\pi'(z) = 2az + b = 0$$
$$\pi''(z) = 2a < 0$$

となりますので, 利潤を極大にする正の生産量が存在するためには, パラメータ a は負の値, b は正の値をとらなければならないことがわかります. そして, 2 次関数であることから, 利潤を極大にする生産量 z^* は, 利潤を最大にする生産量と同じですので, 1 階の条件より下記のようになります.

$$z^* = -\frac{b}{2a}$$

6.7 効用関数の一特定化

5.2 節でみた対数関数の微分の経済学への応用例を提示しておきます. 対数関数の形状を今一度, 図 4.40 (p.88) をみて思い出してください. x の値が増えるとともに y の値が増加していくのですが, その伸び率はだんだん小さくなっていることが確認できるでしょう.

ところで, 第 6.3 節の有理関数の経済学への応用というところで, 効用という言葉が出てきたのを覚えていますか？ 効用とは, 財を消費することから得られる喜びとか満足度を表した言葉であると述べました. 加えて, 消費量 x が増えれば効用 y も増加するともいいました. つまり, このことから, 効用は財の消費量の増加関数であるといえます. この関数のことを**効用関数**と呼びます. 効用関数を,

$$y = u(x)$$

という風に数式に表すとしましょう.

効用関数には次のような性質を仮定します. それは, 消費量の微少な増加分

(もう 1 つ余分に食べるとか…) によって効用が増大する割合が, 消費量そのものの数が大きいほど小さくなるという性質です. これを**限界効用逓減の法則**といいます. 限界効用とは, 消費量の微少な増加分 Δx によって効用が増大する割合 $\dfrac{\Delta y}{\Delta x}$ のことをいいます. つまり, 効用関数の導関数を, 経済学的にいい直したものを**限界効用**といいます. ちなみに, ここでの限界とは微少な変化を意味しています.

限界効用が逓減[1]することを, よく日常生活で私たちは体験しています. お腹がぺこぺこのとき, ご飯の 1 口目のなんとおいしいことか！ 2 口目や 10 口目に比べて確実においしいはずです. これこそ限界効用逓減の法則の最たる例です.

上に示しました効用関数が限界効用逓減の法則を満たすようにするためには, たとえば, グラフを描くと対数関数のようになっていればよいわけです. このことから, しばしば, 効用関数を

$$y = \ln x$$

と対数関数に特定化することが多いのです. このときの限界効用が対数関数の導関数 $\dfrac{1}{x}$ であり, 2 階導関数は $-\dfrac{1}{x^2}$ となるので, 明らかに限界効用逓減の法則を満たしていることがわかります.

---

[1] だんだん減らすこと

解答

◆ **第1章** ◆

復習問題 1.1

(1) $\dfrac{1}{3} + \dfrac{1}{4} + \dfrac{1}{5} = \dfrac{20}{60} + \dfrac{15}{60} + \dfrac{12}{60} = \dfrac{47}{60}$

(2) $\dfrac{2}{9} + \dfrac{1}{6} - \dfrac{1}{3} = \dfrac{4}{18} + \dfrac{3}{18} - \dfrac{6}{18} = \dfrac{1}{18}$

(3) $\dfrac{1}{3} + 1 - \dfrac{3}{4} = \dfrac{4}{12} + \dfrac{12}{12} - \dfrac{9}{12} = \dfrac{7}{12}$

(4) $\dfrac{3}{8} \times \dfrac{32}{15} \div \dfrac{5}{6} = \dfrac{3 \cdot 32 \cdot 6}{8 \cdot 15 \cdot 5} = \dfrac{3 \cdot 8 \cdot 4 \cdot 6}{8 \cdot 3 \cdot 5 \cdot 5} = \dfrac{4 \cdot 6}{5 \cdot 5} = \dfrac{24}{25}$

(5) $\dfrac{1}{5} + \dfrac{1}{2} \div \dfrac{3}{7} = \dfrac{1}{5} + \dfrac{1 \cdot 7}{2 \cdot 3} = \dfrac{1}{5} + \dfrac{7}{6} = \dfrac{6}{30} + \dfrac{35}{30} = \dfrac{41}{30}$

(6) $\dfrac{1}{2} \div 2 \div \dfrac{2}{3} = \dfrac{1}{2} \div \dfrac{2}{1} \div \dfrac{2}{3} = \dfrac{1 \cdot 1 \cdot 3}{2 \cdot 2 \cdot 2} = \dfrac{3}{8}$

復習問題 1.2

(1) $\dfrac{\dfrac{3}{10}}{\dfrac{9}{2}} = \dfrac{3}{10} \div \dfrac{9}{2} = \dfrac{3 \cdot 2}{5 \cdot 2 \cdot 3 \cdot 3} = \dfrac{1}{15}$

(2) $\dfrac{1+5}{\dfrac{9}{2}} = \dfrac{6}{\dfrac{9}{2}} = 6 \div \dfrac{9}{2} = \dfrac{3 \cdot 2 \cdot 2}{3 \cdot 3} = \dfrac{4}{3}$

(3) $\dfrac{\dfrac{2}{3}}{1-5} = \dfrac{\dfrac{2}{3}}{-4} = \dfrac{2}{3} \div (-4) = \dfrac{2}{3 \cdot (-4)} = \dfrac{2}{3 \cdot 2 \cdot (-2)} = -\dfrac{1}{6}$

(4) $\dfrac{\dfrac{1}{2} + \dfrac{1}{3}}{\dfrac{9}{2} \div \dfrac{3}{5}} = \dfrac{\dfrac{3}{6} + \dfrac{2}{6}}{\dfrac{9 \cdot 5}{2 \cdot 3}} = \dfrac{\dfrac{5}{6}}{\dfrac{15}{2}} = \dfrac{5}{6} \div \dfrac{15}{2} = \dfrac{5 \cdot 2}{6 \cdot 15} = \dfrac{1}{9}$

復習問題 1.3

(1) $A + B = (1 - 2)x^2 + 2x + (3 + 1)a = -x^2 + 2x + 4a$

(2) $A - B = (1 + 2)x^2 + 2x + (3 - 1)a = 3x^2 + 2x + 2a$

(3) $A + A - B = (2 + 2)x^2 + 4x + (6 - 1)a = 4x^2 + 4x + 5a$

(4) $A + B - A = B = -2x^2 + a$

復習問題 1.4

(1) $\begin{aligned}(x + 5)(x - 2) &= x(x - 2) + 5(x - 2) &&\leftarrow 分配法則\\ &= x^2 - 2x + 5x - 10 &&\leftarrow 分配法則\\ &= x^2 + 3x - 10 &&\leftarrow 整理\end{aligned}$

(2) $\begin{aligned}x(x + a)(x - a) &= x\{x(x - a) + a(x - a)\} &&\leftarrow 分配法則\\ &= x(x^2 - ax + ax - a^2) &&\leftarrow 分配, 交換法則\\ &= x(x^2 - a^2) &&\leftarrow 整理\\ &= x^3 - a^2 x &&\leftarrow 分配, 交換法則\end{aligned}$

(3) $\begin{aligned}(x - 1)(x^2 + x + 1) &= x(x^2 + x + 1) - (x^2 + x + 1) &&\leftarrow 分配法則\\ &= x^3 + x^2 + x - x^2 - x - 1 &&\leftarrow 分配法則\\ &= x^3 - 1 &&\leftarrow 整理\end{aligned}$

復習問題 1.5

(1) $\begin{aligned}(x + 3)^2 &= x^2 + 2 \cdot 3 \cdot x + 3^2 &&\leftarrow 公式 1.3\ (1), \text{p.13}\\ &= x^2 + 6x + 9\end{aligned}$

(2) $\begin{aligned}(2x - a)^2 &= (2x)^2 - 2 \cdot 2x \cdot a + a^2 &&\leftarrow 公式 1.3\ (2)\\ &= 4x^2 - 4ax + a^2 &&\leftarrow 整理\end{aligned}$

(3) $\begin{aligned}(x^2 + x + 1)^2 &= (x^2)^2 + x^2 + 1^2 + 2 \cdot x^2 \cdot x + 2 \cdot x \cdot 1 + 2 \cdot 1 \cdot x^2\\ &= x^4 + x^2 + 1 + 2x^3 + 2x + 2x^2 &&\leftarrow 公式 1.3\ (4)\\ &= x^4 + 2x^3 + 3x^2 + 2x + 1 &&\leftarrow 整理\end{aligned}$

(4) $\begin{aligned}(3x - 2)^3 &= (3x)^3 - 3 \cdot (3x)^2 \cdot 2 + 3 \cdot 3x \cdot 2^2 - 2^3 &&\leftarrow 公式 1.3\ (6)\\ &= 27x^3 - 54x^2 + 36x - 8\end{aligned}$

復習問題 1.6

(1) $\begin{aligned}(a - b)(a^2 + ab + b^2) &= a(a^2 + ab + b^2) - b(a^2 + ab + b^2) &&\leftarrow 分配法則\\ &= a^3 + a^2 b + ab^2 - ba^2 - bab - b^3 &&\leftarrow 分配法則\\ &= a^3 + a^2 b + ab^2 - a^2 b - ab^2 - b^3 &&\leftarrow 交換法則\\ &= a^3 - b^3 &&\leftarrow 整理\end{aligned}$

(2) $\begin{aligned}(a+b)(a^2-ab+b^2) &= \big(a-(-b)\big)\big(a^2+a(-b)+(-b)^2\big) \quad \leftarrow (1)\text{ の形に変形} \\ &= a^3-(-b)^3 \quad \leftarrow (1)\text{ を使う} \\ &= a^3+b^3 \quad \leftarrow \text{整理}\end{aligned}$

(3) $\begin{aligned}&(a+b+c)(a^2+b^2+c^2-ab-bc-ca) \\ &= a(a^2+b^2+c^2-ab-bc-ca) \\ &\quad +b(a^2+b^2+c^2-ab-bc-ca) \\ &\quad +c(a^2+b^2+c^2-ab-bc-ca) \quad \leftarrow \text{分配法則} \\ &= a^3+ab^2+ac^2-a^2b-abc-aca \\ &\quad +ba^2+b^3+bc^2-bab-b^2c-bca \\ &\quad +ca^2+cb^2+c^3-cab-cbc-c^2a \quad \leftarrow \text{分配法則} \\ &= a^3+ab^2+ac^2-a^2b-abc-a^2c \\ &\quad +a^2b+b^3+bc^2-ab^2-b^2c-abc \\ &\quad +a^2c+b^2c+c^3-abc-bc^2-ac^2 \quad \leftarrow \text{交換法則} \\ &= a^3+b^3+c^3-3abc \quad \leftarrow \text{整理}\end{aligned}$

復習問題 1.7

(1) $\begin{aligned}(x+a)(x+b) &= x^2+xb+ax+ab \quad \leftarrow \text{分配法則} \\ &= x^2+bx+ax+ab \quad \leftarrow \text{交換法則} \\ &= x^2+(a+b)x+ab \quad \leftarrow \text{分配法則}\end{aligned}$

(2) $\begin{aligned}(ax+b)(cx+d) &= axcx+axd+bcx+bd \quad \leftarrow \text{分配法則} \\ &= acx^2+adx+bcx+bd \quad \leftarrow \text{交換法則} \\ &= acx^2+(ad+bc)x+bd \quad \leftarrow \text{分配法則}\end{aligned}$

復習問題 1.8

(1) $\begin{aligned}s^4-t^4 &= (s^2+t^2)(s^2-t^2) \quad \leftarrow \text{公式 1.2 (3), p.11} \\ &= (s^2+t^2)(s+t)(s-t) \quad \leftarrow \text{公式 1.2 (3)}\end{aligned}$

(2) $\begin{aligned}s^2+2st+t^2+4s+4t+4 &= (s+t)^2+4(s+t)+4 \quad \leftarrow \text{公式 1.2 (1)} \\ &= (s+t+2)^2 \quad \leftarrow \text{公式 1.2 (1)}\end{aligned}$

(3) $\begin{aligned}x^2+5x+6 &= x^2+(2+3)x+2\cdot3 \\ &= (x+2)(x+3) \quad \leftarrow \text{公式 1.4 (1), p.13}\end{aligned}$

(4) $\begin{aligned}x^2+x-12 &= x^2+(-3+4)x+(-3)\cdot4 \\ &= (x-3)(x+4) \quad \leftarrow \text{公式 1.4 (1)}\end{aligned}$

(5) $\begin{aligned}2x^2+5x+2 &= 2\cdot1\cdot x^2+(2\cdot2+1\cdot1)x+1\cdot2 \\ &= (2x+1)(x+2) \quad \leftarrow \text{公式 1.4 (2)}\end{aligned}$

(6) $\quad 3x^2 - 7x - 6 \; = \; 1 \cdot 3 \cdot x^2 + \{1 \cdot 2 + (-3) \cdot 3\}x + (-3) \cdot 2$

$\qquad\qquad\qquad = \; (x-3)(3x+2) \qquad\qquad\qquad$ ← 公式 1.4 (2)

復習問題 **1.9**

(1) $\quad P(-1) = 0$ なので, $P(x)$ を $x+1$ で割ったときの商は,

$$\frac{P(x)}{x+1} \; = \; x^2 + 3x - 10 = (x+5)(x-2)$$

となります. 2 つ目の変形は公式 1.4 (1) を用いました. よって, $P(x)$ は,

$$P(x) \; = \; (x+1)(x+5)(x-2)$$

と因数分解できます.

(2) $\quad P(2) = 0$ なので, $P(x)$ を $x-2$ で割ったときの商は,

$$\frac{P(x)}{x-2} \; = \; x^3 - 2x^2 - 5x + 6$$

となります. さらに $Q(x) = x^3 - 2x^2 - 5x + 6$ とおくと, $Q(-2) = 0$ なので,
$Q(x)$ を $x+2$ で割ったときの商は,

$$\frac{Q(x)}{x+2} \; = \; x^2 - 4x + 3 = (x-1)(x-3)$$

となります. 2 つ目の変形は公式 1.4 (1) を用いました. よって, $P(x)$ は,

$$P(x) \; = \; (x-2)Q(x) = (x-2)(x+2)(x-1)(x-3)$$

と因数分解できます.

復習問題 **1.10**

(1) $\quad \dfrac{x+1}{x-1} - \dfrac{x-1}{x+1} \; = \; \dfrac{(x+1)(x+1)-(x-1)(x-1)}{(x-1)(x+1)} \qquad$ ← 分数の計算と同様

$\qquad\qquad\qquad\quad = \; \dfrac{x^2 + 2x + 1 - (x^2 - 2x + 1)}{x^2 - 1} \qquad$ ← 公式 1.3 (1), (2)

$\qquad\qquad\qquad\quad = \; \dfrac{4x}{x^2 - 1} \qquad\qquad\qquad\qquad$ ← 整理

(2) $\quad \dfrac{x+2}{x^2-1} \div \dfrac{x+2}{x+1} \; = \; \dfrac{(x+2)(x+1)}{(x^2-1)(x+2)} \qquad$ ← 分数の計算と同様

$\qquad\qquad\qquad\quad = \; \dfrac{(x+2)(x+1)}{(x-1)(x+1)(x+2)} \qquad$ ← 公式 1.2 (3)

$\qquad\qquad\qquad\quad = \; \dfrac{1}{x-1} \qquad\qquad\qquad\quad$ ← 約分

(3) $\quad \dfrac{\dfrac{1}{x-1} + \dfrac{1}{x+1}}{\dfrac{1}{x-1} - \dfrac{1}{x+1}} \; = \; \dfrac{(x+1)+(x-1)}{(x+1)-(x-1)} \qquad$ ← 分母, 分子に

$\qquad\qquad\qquad\qquad\qquad\qquad\qquad\qquad (x+1)(x-1)$ を掛ける

$\qquad\qquad\qquad\quad = \; \dfrac{2x}{2}$

$\qquad\qquad\qquad\quad = \; x$

◆ 　第 2 章 　◆

復習問題 2.1

(1) 　$3x + 4 = 1$ 　$\Leftrightarrow$ 　$3x = 1 - 4$ 　← 4 を右辺に移項

$\Leftrightarrow$ 　$3x = -3$

$\Leftrightarrow$ 　$x = -1$ 　← 両辺を 3 で割る

(2) 　$2x + 4 = x + 3$ 　$\Leftrightarrow$ 　$2x - x = 3 - 4$ 　← 4 を右辺, x を左辺に移項

$\Leftrightarrow$ 　$x = -1$

(3) 　$3x + 1 = 2(1 - x)$ 　$\Leftrightarrow$ 　$3x + 1 = 2 - 2x$ 　← 右辺を展開

$\Leftrightarrow$ 　$3x + 2x = 2 - 1$ 　← 1 を右辺, $2x$ を左辺に移項

$\Leftrightarrow$ 　$5x = 1$

$\Leftrightarrow$ 　$x = \dfrac{1}{5}$ 　　　　← 両辺を 5 で割る

復習問題 2.2

(1) 　2 を右辺に移項して整理すると,

$$ax = 1$$

となります. $a \neq 0$ のときは, 両辺を a で割って, $x = \dfrac{1}{a}$ です. $a = 0$ のときは, $0 = 1$ となるので, 解は存在しません. まとめると次のようになります.

$$\begin{cases} a \neq 0 \text{ のとき, } & \text{解は } x = \dfrac{1}{a}. \\ a = 0 \text{ のとき, } & \text{解なし.} \end{cases}$$

(2) 　1 を右辺, x を左辺に移項して整理すると,

$$(a - 1)x = a - 1$$

となります. $a - 1 \neq 0$ すなわち $a \neq 1$ のときは, 両辺を $a - 1$ で割って, $x = 1$ です. $a - 1 = 0$ すなわち $a = 1$ のときは, $0 = 0$ となり, 任意の実数が解になります. まとめると次のようになります.

$$\begin{cases} a \neq 1 \text{ のとき, } & \text{解は } x = 1. \\ a = 1 \text{ のとき, } & \text{解は任意の実数.} \end{cases}$$

(3) 　b を右辺, bx を左辺に移項して整理すると,

$$(a - b)x = b$$

となります. $a - b \neq 0$ すなわち $a \neq b$ のときは, 両辺を $a - b$ で割って, $x = \dfrac{b}{a - b}$ です. $a - b = 0, b = 0$ すなわち $a = b = 0$ のときは, $0 = 0$ とな

り, 任意の実数が解になります. $a - b = 0$, $b \neq 0$ すなわち, $a = b \neq 0$ のときは, $0 = b$ となるので, 解は存在しません. まとめると次のようになります.

$$\begin{cases} a \neq b & \text{のとき,} \quad \text{解は } x = \dfrac{b}{a-b} . \\ a = b = 0 \text{ のとき,} \quad \text{解は任意の実数.} \\ a = b \neq 0 \text{ のとき,} \quad \text{解なし.} \end{cases}$$

復習問題 2.3

(1) $y = 2x + 3$ を $4x - y = 5$ に代入して, y を消去すると,

$$4x - (2x + 3) = 5 \quad \text{すなわち} \quad 2x - 3 = 5$$

です. これを解いて, $x = 4$ となります. $y = 2x + 3$ に $x = 4$ を代入して, $y = 11$ を得ます. よって, 連立方程式の解は,

$$x = 4, \ y = 11$$

となります.

(2) 2つの方程式を辺々足し合わせて, y を消去すると,

$$3x + x = 4 + 4 \quad \text{すなわち} \quad 4x = 8$$

となります. これから $x = 2$ です. $x + 2y = 4$ に $x = 2$ を代入すると,

$$2 + 2y = 4 \quad \text{すなわち} \quad 2y = 2$$

となるので, $y = 1$ です. よって, 連立方程式の解は,

$$x = 2, \ y = 1$$

となります.

(3) 次のようにそれぞれの方程式に番号を付けます.

$$\begin{cases} 3x + 2y = 2 & \cdots\cdots \ ① \\ 2x + 3y = 3 & \cdots\cdots \ ② \end{cases}$$

"$3 \times ① - 2 \times ②$" を考え, y を消去すると,

$$9x - 4x = 6 - 6 \quad \text{すなわち} \quad 5x = 0$$

となります. これから $x = 0$ です. ① に $x = 0$ を代入すると,

$$2y = 2 \quad \text{すなわち} \quad y = 1$$

となります. よって, 連立方程式の解は,

$$x = 0, \ y = 1$$

となります.

復習問題 2.4

(1)　次のようにそれぞれの方程式に番号を付けます.

$$\begin{cases} 6x + 4y = 1 & \cdots\cdots \ ① \\ 9x + 6y = 1 & \cdots\cdots \ ② \end{cases}$$

"$3 \times ① - 2 \times ②$" を考え, y を消去すると,

$$18x - 18x = 3 - 2 \quad \text{すなわち} \quad 0 = 1$$

となり, これを満たす x は存在しません. x が存在しないので, y も存在しません. よって, この連立方程式には解が存在しないことになります.

(2)　次のようにそれぞれの方程式に番号を付けます.

$$\begin{cases} 2x - 3y = 6 & \cdots\cdots \ ① \\ -4x + 6y = -12 & \cdots\cdots \ ② \end{cases}$$

① の両辺に -2 を掛けると,

$$-4x + 6y = -12$$

となり, ② と一致します. ゆえに, この連立方程式は,

$$2x - 3y = 6$$

だけを考えているのと同じです. これを y について解くと,

$$y = \frac{2}{3}x - 2$$

なので, t を任意の実数として, $x = t$ とすれば, $y = \frac{2}{3}t - 2$ です. よって, 連立方程式の解は,

$$x = t, \ y = \frac{2}{3}t - 2 \quad (t \text{ は任意の実数})$$

となります. 実は $x = 3t$ としても, x は任意の実数を表しています. これを x のパラメータ表示として採用すると, y は $y = 2t - 2$ となり, 分数を用いることなく解を表現できます. このことからもわかるとおり, パラメータ表示は一意的ではないことに注意してください.

復習問題 2.5

(1)　次のようにそれぞれの方程式に番号を付けておきます.

$$\begin{cases} ax + y = 2 & \cdots\cdots \ ① \\ 2x - y = 1 & \cdots\cdots \ ② \end{cases}$$

① から

$$y = -ax + 2 \quad \cdots\cdots \quad ①'$$

となります. これを ② に代入して,

$$2x - (-ax + 2) = 1$$

を得ます. これを変形して,

$$(a + 2)x = 3$$

となります. 一意的に実数解をもつためには,

$$a + 2 \neq 0 \quad \text{すなわち} \quad a \neq -2$$

となります. このとき,

$$x = \frac{3}{a + 2}$$

となります. これを ①' に代入して,

$$y = \frac{4 - a}{a + 2}$$

です.

(2) 次のようにそれぞれの方程式に番号を付けておきます.

$$\begin{cases} x + ay = 1 & \cdots\cdots \quad ① \\ ax + y = 2 & \cdots\cdots \quad ② \end{cases}$$

① から

$$x = -ay + 1 \quad \cdots\cdots \quad ①'$$

となります. これを ② に代入して,

$$a(-ay + 1) + y = 2$$

を得ます. これを変形して,

$$(-a^2 + 1)y = -a + 2$$

となります. 一意的に実数解をもつためには,

$$-a^2 + 1 \neq 0 \quad \text{すなわち} \quad a \neq \pm 1$$

となります. このとき,

$$y = \frac{-a + 2}{-a^2 + 1}$$

となります. これを ①' に代入して,

$$x = \frac{-2a + 1}{-a^2 + 1}$$

です.

(3) 次のようにそれぞれの方程式に番号を付けておきます.

$$\begin{cases} ax + by = 1 & \cdots\cdots \text{①} \\ bx + ay = 2 & \cdots\cdots \text{②} \end{cases}$$

"$a \times$①$-b \times$②" を考えると, y が消去されて,

$$(a^2 - b^2)x = a - 2b$$

となります. 一意的に実数解をもつためには,

$$a^2 - b^2 \neq 0 \quad \text{すなわち} \quad a \neq \pm b$$

となります. このとき,

$$x = \frac{a - 2b}{a^2 - b^2}$$

となります. "$b \times$①$-a \times$②" を考えると, x が消去されて,

$$(b^2 - a^2)y = b - 2a$$

となるので,

$$y = \frac{2a - b}{a^2 - b^2}$$

です.

復習問題 2.6

(1) $2x + y = a$ を y について解くと,

$$y = -2x + a$$

です. これを $ax + 2y = 1$ に代入して, y を消去すると,

$$ax + 2(-2x + a) = 1 \quad \text{すなわち} \quad (a - 4)x = 1 - 2a \quad \cdots\cdots \text{①}$$

となります.

- $a - 4 \neq 0$ すなわち $a \neq 4$ のとき, ① の両辺を $a - 4$ で割って, $x = \dfrac{1 - 2a}{a - 4}$ です. これを $y = -2x + a$ に代入して,

$$y = -2 \cdot \frac{1 - 2a}{a - 4} + a = \frac{-2(1 - 2a) + a(a - 4)}{a - 4} = \frac{a^2 - 2}{a - 4}$$

を得ます.

- $a - 4 = 0$ すなわち $a = 4$ のとき, ① は $0 = -7$ となるので, 解は存在しません.

以上のことをまとめると, 次のようになります.

$$\begin{cases} a \neq 4 \text{ のとき, } & \text{解は } x = \dfrac{1 - 2a}{a - 4}, \ y = \dfrac{a^2 - 2}{a - 4}. \\ a = 4 \text{ のとき, } & \text{解なし.} \end{cases}$$

(2) $ax + y = 1$ を y について解くと,

$$y = -ax + 1$$

です. これを $x + ay = 1$ に代入して, y を消去すると,

$$x + a(-ax + 1) = 1 \quad \text{すなわち} \quad (a^2 - 1)x = a - 1 \quad \cdots\cdots \quad ①$$

となります.

- $a^2 - 1 \neq 0$ すなわち $a \neq \pm 1$ のとき, ① の両辺を $a^2 - 1$ で割って,

$$x = \frac{a - 1}{a^2 - 1} = \frac{a - 1}{(a + 1)(a - 1)} = \frac{1}{a + 1}$$

です. これを $y = -ax + 1$ に代入して,

$$y = -\frac{a}{a + 1} + 1 = \frac{-a + (a + 1)}{a + 1} = \frac{1}{a + 1}$$

を得ます.

- $a^2 - 1 = 0, a - 1 = 0$ すなわち $a = 1$ のとき, 連立方程式のそれぞれの式は, どちらも $x + y = 1$ に一致します. よって, 任意の実数 t を用いて, $x = t$ と表せば, $y = 1 - t$ となります.

- $a^2 - 1 = 0, a - 1 \neq 0$ すなわち $a = -1$ のとき, ① は $0 = -2$ となるので, 解は存在しません.

以上のことをまとめると, 次のようになります.

$$\begin{cases} a \neq \pm 1 \text{ のとき,} & \text{解は } x = y = \dfrac{1}{a + 1}. \\ a = 1 \text{ のとき,} & \text{解は } x = t, \ y = 1 - t \ (t \text{ は任意の実数}) \\ a = -1 \text{ のとき,} & \text{解なし.} \end{cases}$$

(3) $ax - y = -1$ を y について解くと,

$$y = ax + 1$$

です. これを $x + by = b$ に代入して, y を消去すると,

$$x + b(ax + 1) = b \quad \text{すなわち} \quad (ab + 1)x = 0 \quad \cdots\cdots \quad ①$$

となります.

- $ab + 1 \neq 0$ すなわち $ab \neq -1$ のとき, ① の両辺を $ab - 1$ で割って,

$$x = \frac{0}{ab + 1} = 0$$

です. これを $y = -ax + 1$ に代入して,

$$y = a \cdot 0 + 1 = 1$$

を得ます.

- $ab+1=0$ すなわち $ab=-1$ のとき, 任意の実数 t を用いて, $x=t$ と表せば, $y=ax+1$ より $y=at+1$ となります.

以上のことをまとめると, 次のようになります.

$$\begin{cases} ab \neq -1 \text{ のとき,} & \text{解は } x=0,\, y=1. \\ ab = -1 \text{ のとき,} & \text{解は } x=t,\, y=at+1 \ (t \text{ は任意の実数}) \end{cases}$$

復習問題 2.7

(1) $x^2-6x+8=0 \ \Leftrightarrow \ (x-2)(x-4)=0 \quad \leftarrow$ 公式 1.4 (1), p.13
$\Leftrightarrow \ x=2,4$

(2) $x^2-8x+15=0 \ \Leftrightarrow \ (x-3)(x-5)=0 \quad \leftarrow$ 公式 1.4 (1)
$\Leftrightarrow \ x=3,5$

(3) $x^2+x-56=0 \ \Leftrightarrow \ (x-7)(x+8)=0 \quad \leftarrow$ 公式 1.4 (1)
$\Leftrightarrow \ x=7,-8$

(4) $4x^2-4x-3=0 \ \Leftrightarrow \ (2x-3)(2x+1)=0 \quad \leftarrow$ 公式 1.4 (2)
$\Leftrightarrow \ x=\dfrac{3}{2},-\dfrac{1}{2}$

(5) $3x^2+17x+10=0 \ \Leftrightarrow \ (3x+2)(x+5)=0 \quad \leftarrow$ 公式 1.4 (2)
$\Leftrightarrow \ x=-\dfrac{2}{3},-5$

(6) $5x^2+11x-12=0 \ \Leftrightarrow \ (5x-4)(x+3)=0 \quad \leftarrow$ 公式 1.4 (2)
$\Leftrightarrow \ x=\dfrac{4}{5},-3$

復習問題 2.8

(1) 判別式 D を計算すると,
$$D=(-4)^2-4\cdot2\cdot5=16-40=-24<0$$
となるので, この2次方程式は実数解をもちません.

(2) 判別式 D を計算すると,
$$D=2^2-4\cdot3\cdot(-1)=4+12=16>0$$
となるので, この2次方程式は実数解を2つもち. それは解の公式から,
$$x=\frac{-2\pm\sqrt{16}}{6}=\frac{-2\pm4}{6}=\frac{1}{3},-1$$
となります.

(3) 判別式 D を計算すると，
$$D = 8^2 - 4 \cdot 1 \cdot 19 = 64 - 76 = -12 < 0$$
となるので，この2次方程式は実数解をもちません．

(4) 判別式 D を計算すると，
$$D = 8^2 - 4 \cdot 2 \cdot 8 = 64 - 64 = 0$$
となるので，この2次方程式は実数解を1つだけもち．それは解の公式から，
$$x = \frac{-8}{4} = -2$$
となります．

(5) 判別式 D を計算すると，
$$D = 5^2 - 4 \cdot 5 \cdot (-6) = 25 + 120 = 145 > 0$$
となるので，この2次方程式は実数解を2つもち．それは解の公式から，
$$x = \frac{-5 \pm \sqrt{145}}{10}$$
となります．

(6) 判別式 D を計算すると，
$$D = 7^2 - 4 \cdot 4 \cdot 2 = 49 - 32 = 17 > 0$$
となるので，この2次方程式は実数解を2つもち．それは解の公式から，
$$x = \frac{-7 \pm \sqrt{17}}{8}$$
となります．

復習問題 2.9

(1) 2次方程式 $x^2 + 3x + 1 = 0$ の解は解の公式より，
$$x = \frac{-3 \pm \sqrt{5}}{2}$$
となるので，公式2.2より，
$$x^2 + 3x + 1 = \left(x - \frac{-3 + \sqrt{5}}{2}\right)\left(x - \frac{-3 - \sqrt{5}}{2}\right)$$
と因数分解できます．

(2) 2次方程式 $x^2 + 4x + 2 = 0$ の解は解の公式より，
$$x = \frac{-4 \pm \sqrt{8}}{2} = \frac{-4 \pm 2\sqrt{2}}{2} = -2 \pm \sqrt{2}$$
となるので，公式2.2より，
$$x^2 + 3x + 1 = \left(x + 2 - \sqrt{2}\right)\left(x + 2 + \sqrt{2}\right)$$
と因数分解できます．

(3)　2次方程式 $2x^2 + 5x + 1 = 0$ の解は解の公式より,

$$x = \frac{-5 \pm \sqrt{17}}{4}$$

となるので, 公式 2.2 より,

$$2x^2 + 5x + 1 = 2\Big(x - \frac{-5 + \sqrt{17}}{4}\Big)\Big(x - \frac{-5 - \sqrt{17}}{4}\Big)$$

と因数分解できます.

復習問題 2.10

(1)　因数定理を用います. 左辺の多項式に $x = -1$ を代入すると 0 になるので, 左辺は

$$x^3 + 3x^2 + x - 1 = (x + 1)(x^2 + 2x - 1)$$

と因数分解できます. よって, この方程式が成り立つための条件は,

$$x + 1 = 0 \quad \text{または} \quad x^2 + 2x - 1 = 0$$

となります. $x + 1 = 0$ からは, $x = -1$ が出ます. $x^2 + 2x - 1 = 0$ は 2 次方程式の解の公式から,

$$x = -1 \pm \sqrt{2}$$

となります. したがって, この 3 次方程式の解は,

$$x = -1, -1 \pm \sqrt{2}$$

となります.

(2)　$x + y = 4$ を y について解くと,

$$y = -x + 4$$

です. これを $xy = 3$ に代入して, y を消去すると,

$$x(-x + 4) = 3 \quad \text{すなわち} \quad x^2 - 4x + 3 = 0$$

となります. 左辺は

$$x^2 - 4x + 3 = (x - 1)(x - 3)$$

と因数分解されるので, $x^2 - 4x + 3 = 0$ の解は $x = 1, 3$ です. これを $y = -x + 4$ に代入して y を求めると, $x = 1$ に対しては $y = 3$, $x = 3$ に対しては $y = 1$ となります. よって, この連立方程式の解は,

$$\begin{cases} x = 1 \\ y = 3 \end{cases} \quad \text{または} \quad \begin{cases} x = 3 \\ y = 1 \end{cases}$$

となります.

◆ 第 3 章 ◆

復習問題 3.1

(1) $3x + 7 \leq 2x$ $\Leftrightarrow$ $3x - 2x \leq -7$ ← 7 を右辺, $2x$ を左辺に移項

$\Leftrightarrow$ $x \leq -7$

(2) $4x + 5 > 2x + 3$ $\Leftrightarrow$ $4x - 2x > 3 - 5$ ← 5 を右辺, $2x$ を左辺に移項

$\Leftrightarrow$ $2x > -2$

$\Leftrightarrow$ $x > -1$ ← 両辺を 2 で割る

(3) $2x - 3 < 3x + 1$ $\Leftrightarrow$ $2x - 3x < 1 + 3$ ← 3 を右辺, $3x$ を左辺に移項

$\Leftrightarrow$ $-x < 4$

$\Leftrightarrow$ $x > -4$ ← 両辺に -1 を掛ける

復習問題 3.2

(1) $2x + 4 < x + 5$ を解くと, $x < 1$ です. $4x + 3 > x - 3$ を解くと, $x > -2$ です.
したがって, 連立不等式の解 x は -2 より大きく 1 より小さい数, すなわち,

$$-2 < x < 1$$

となります.

(2) $x + 3 \geq 5$ を解くと, $x \geq 2$ です. $3x + 3 \leq x + 7$ を解くと, $x \leq 2$ です. した
がって, 連立不等式の解 x は 2 以上 2 以下の数, すなわち,

$$x = 2$$

となります.

復習問題 3.3

(1) 2 次方程式 $x^2 - x - 6 = 0$ を考えます. 左辺を因数分解すると,

$$x^2 - x - 6 = (x + 2)(x - 3)$$

となるので, この方程式の解は $x = -2, 3$ です. これと公式 3.1 により,

$$-2 < x < 3$$

が問題の 2 次方程式の解となります.

(2) 2 次方程式 $2x^2 + 5x - 1 = 0$ を考えます. 2 次方程式の解の公式により,

$$x = \frac{-5 \pm \sqrt{33}}{4}$$

がこの方程式の解です. これと公式 3.1 により,

$$x \leq \frac{-5 - \sqrt{33}}{4}, \quad \frac{-5 + \sqrt{33}}{4} \leq x$$

が問題の 2 次方程式の解となります.

(3) この不等式の左辺を平方完成すると,

$$x^2 + 4x + 5 = x^2 + 4x + 4 + 1 = (x+2)^2 + 1$$

となります. これから問題の不等式は,

$$(x+2)^2 + 1 \leq 0 \quad \text{すなわち} \quad (x+2)^2 \leq -1$$

となります. ところが, 2 乗して負の数になるような実数は存在しないので, x にどのような数を代入しても不等式は満たされないことになります. よって, この不等式に解は存在しません.

◆　　第 4 章　　◆

復習問題 4.1

(1) x の値を 1 にすれば y の値は 1, x の値を 2 にすれば y の値は $\sqrt{2}$ というように, x の値に対し y の値がただ 1 つ定まります. よって, y は x の関数です.

(2) たとえば, $x = \dfrac{1}{2}$ とすると,

$$y^2 = \frac{3}{4}$$

となります. このとき y は $\pm \dfrac{\sqrt{3}}{2}$ です. よって, y の値は 1 つに定まっていないので, y は x の関数ではありません.

復習問題 4.2

(1) 傾きが 3, y 切片が 1 の直線なので, 下図のようになります.

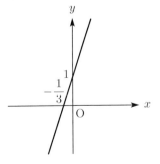

(2) 傾きが -2, y 切片が 2 の直線ですが, 定義域が $-1 \leq x \leq 1$ となっているので, グラフは下図のような線分になります.

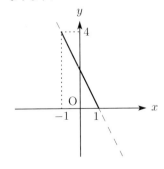

復習問題 4.3

(1) $2x - y + 3 = 0$ から $y = 2x + 3$ と変形して, $ax - y - 1 = 0$ に代入すると,

$$ax - (2x + 3) - 1 = 0 \quad \text{すなわち} \quad (a - 2)x = 4$$

となります. ゆえに, $a = 2$ のときは x は実数解をもたないので, 2 直線は交点をもちません. よって, 求める範囲は $a \neq 2$ です.

(2) $x - 3 = 0$ から $x = 3$ と変形して, $x + ay = 0$ に代入すると,

$$3 + ay = 0 \quad \text{すなわち} \quad ay = -3$$

となります. ゆえに, $a = 0$ のときは y は実数解をもたないので, 2 直線は交点をもちません. よって, 求める範囲は $a \neq 0$ です.

復習問題 4.4

(1) 平方完成すると,

$$y = (x - 3)^2 + 1$$

となるので, グラフは下図のようになります.

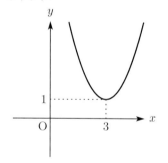

(2) 平方完成すると,

$$y = -\frac{1}{2}(x + 1)^2 + 1$$

となるので, グラフは下図のようになります.

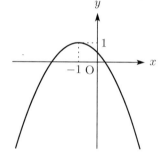

復習問題 4.5

(1) 右辺を平方完成すると,

$$y = -(x-2)^2 + 3$$

となります. よって, グラフより最大値 3, 最小値なしとなります.

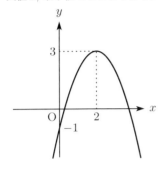

(2) 右辺を平方完成すると,

$$y = (x-1)^2 - 2$$

となります. よって, グラフより最大値 2, 最小値 -2 となります.

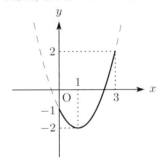

復習問題 4.6

(1) 右辺を平方完成すると, $y = (x-2a)^2 + a^2$ となるので, 軸は $x = 2a$ です. ゆえに, 軸 $x = 2a$ と定義域の中心 2 の位置関係で場合分けを行うことになります. $2a \leq 2$ すなわち $a \leq 1$ のときは, $x = 3$ で最大値 $5a^2 - 12a + 9$ をとります. 逆に $2a > 2$ すなわち $a > 1$ のときは, $x = 1$ で最大値 $5a^2 - 4a + 1$ をとります.

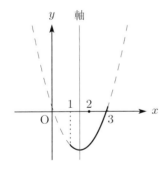

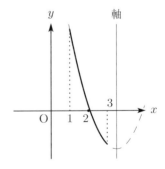

(2) 右辺を平方完成すると, $y = (x-2)^2 + 1$ となるので, 軸は $x = 2$ です. ゆえに, 軸 $x = 2$ が定義域に含まれるかどうかで場合分けを行うことになります. $t \leq 2$ すなわち, $(0 \leq) t \leq 2$ のときは, $x = t$ で最大値 $-t^2 + 4t - 3$ をとります. 逆に $t > 2$ のときは, $x = 2$ で最大値 1 をとります.

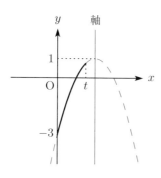
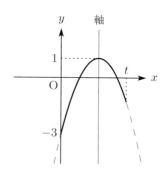

復習問題 4.7

$f(x) = x^2 - 4ax + 3a^2 + 2a$ とおき，$y = f(x)$ により y を x の関数とみます．$y = f(x)$ のグラフは下に凸だから，正と負の実数解をもつためには，$f(0) < 0$，すなわち，

$$3a^2 + 2a < 0$$

が必要十分です．この不等式を解いて，

$$-\frac{2}{3} < a < 0$$

が求める a の範囲となります．

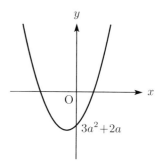

復習問題 4.8

連立方程式

$$\begin{cases} y = -x^2 - 2x - 1 \\ y = ax \end{cases}$$

が実数解をもつような a の範囲を求めます．y を消去すると，

$$-x^2 - 2x - 1 = ax \quad \text{すなわち} \quad x^2 + (a+2)x + 1 = 0$$

です．この x の2次方程式が実数解をもてばよいので，判別式 $D \geq 0$ です．ゆえに，

$$(a+2)^2 - 4 \geq 0 \quad \text{すなわち} \quad a \leq -4, \, 0 \leq a$$

となります．よって，求める a の範囲は $a \leq -4, \, 0 \leq a$ です．a は直線 $y = ax$ の傾きを表しているので，グラフで解釈すると下図のようになります．

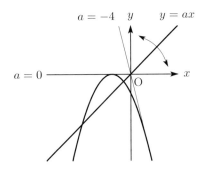

復習問題 4.9

(1) $y = \dfrac{3}{2x - 4}$ を変形すると,

$$y = \frac{3}{2(x - 2)}$$

となるので, 漸近線は直線 $x = 2$ と直線 $y = 0$ です. ゆえに, グラフは下図のようになります.

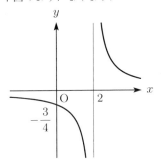

(2) $y = \dfrac{2x - 3}{3x - 3}$ を変形すると,

$$y = -\frac{1}{3(x - 1)} + \frac{2}{3}$$

となるので, 漸近線は直線 $x = 1$ と直線 $y = \dfrac{2}{3}$ です. ゆえに, グラフは下図のようになります.

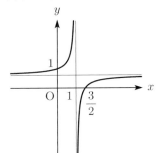

復習問題 4.10

(1). $5^3 \cdot (5^2)^2 \cdot (5^3)^{-3} = 5^3 \cdot 5^4 \cdot 5^{-9} = 5^{-2} = \dfrac{1}{25}$

(2) $4^3 \cdot \left(\dfrac{1}{2}\right)^{-3} \cdot (2^{-4})^2 = 2^6 \cdot 2^3 \cdot 2^{-8} = 2^1 = 2$

復習問題 4.11

(1) $\log_5 20 + \log_5 100 - 2\log_5 4 = \log_5 20 + \log_5 100 - \log_5 4^2$
$$= \log_5 \frac{20 \cdot 100}{4^2} = \log_5 5^3 = 3$$

(2) $\log_2 3 \cdot \log_{81} 8 = \log_2 3 \cdot \dfrac{\log_3 8}{\log_3 81} = \log_2 3 \cdot \dfrac{\log_3 2^3}{\log_3 3^4} = \log_2 3 \cdot \dfrac{3\log_3 2}{4\log_3 3}$

$\qquad\qquad = \dfrac{3}{4}\log_2 3 \cdot \log_3 2 = \dfrac{3}{4} \cdot \dfrac{\log_3 3}{\log_3 2} \cdot \log_3 2 = \dfrac{3}{4}$

復習問題 4.12

(1) $y = -3^x$ のグラフは $y = 3^x$ のグラフを x 軸に関して折り返したものになります.

(2) $y = 2^x - 2$ のグラフは $y = 2^x$ のグラフを y 軸方向に -2 だけ平行移動したものになります.

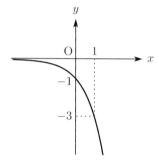
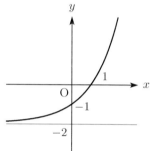

復習問題 4.13

(1) $y = \log_2(x + 1) + 1$ のグラフは $y = -\log_2 x$ のグラフを x 軸方向に -1, y 軸方向に 1 だけ平行移動したものになります.

(2) $y = \log_2(-x)$ のグラフは $y = \log_2 x$ のグラフを y 軸に関して折り返したものになります.

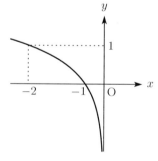

復習問題 4.14

(1) 関数 $y = f(x)$ の値域は $\dfrac{4}{3} \le y \le 4$ となり, 関数 $z = g(y)$ の定義域に含まれて

いるので, 合成関数 $z = g(f(x))$ を考えることができます. よって,

$$g(f(x)) = \dfrac{\dfrac{2}{x} + 1}{\dfrac{2}{x} - 5} = \dfrac{\dfrac{2+x}{x}}{\dfrac{2-5x}{x}} = \dfrac{2+x}{2-5x}$$

となります.

(2) 関数 $y = f(x)$ の値域は $0 \le y \le 2$ となり, 関数 $z = g(y)$ の定義域に含まれるので, 合成関数 $z = g(f(x))$ を考えることができます. よって,

$$g(f(x)) = 2^{\log_2 x} = x$$

となります.

復習問題 4.15

(1) 関数 $y = f(x)$ の値域は $y \neq 0$ であり, 値域内の y に対して x がただ 1 つ定義域の中に定まるので, 逆関数を考えることができます. $y = f(x)$ を x について解くことにより,

$$y(x - 2) = x - 1$$
$$(y - 1)x = 2y - 1$$
$$x = \dfrac{1}{y - 1} + 2$$

となり, この式により, 逆関数が与えられます. 変数を x に書き直すことにより,

$$f^{-1}(x) = \dfrac{1}{x - 1} + 2$$

が得られます.

(2) 関数 $y = f(x)$ の値域は $y = 2$ で, このとき x は定義域の中でただ 1 つに定まりません. よって, 逆関数は存在しません.

復習問題 4.16

(1) $y \leq \dfrac{1}{x}$ を図示すれば, 下図の斜線部分となります. $x=0$ では値が定まらないので, y 軸は領域に含まれません.

(2) $x=0$ では $0 \cdot y \leq 1$ となり, このとき y は任意の実数でよいことになります. $x>0$ では $y \leq \dfrac{1}{x}$, $x<0$ では $y \geq \dfrac{1}{x}$ となります.

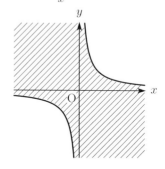

◆　　第 5 章　　◆

復習問題 5.1

(1)
$$\begin{aligned}
\lim_{x \to 1} y &= \lim_{x \to 1}(\ln x + x^2) \\
&= \lim_{x \to 1} \ln x + \lim_{x \to 1} x^2 \quad \leftarrow \text{公式 5.1 (1), p.99} \\
&= 0 + 1 \quad\quad\quad\quad\quad\ \leftarrow \ln x,\, x^2 \text{は } x=1 \text{で連続} \\
&= 1
\end{aligned}$$

(2)
$$\begin{aligned}
\lim_{x \to 2} y &= \lim_{x \to 2}(2e^x + 3x + 5) \\
&= \lim_{x \to 2} 2e^x + \lim_{x \to 2} 3x + \lim_{x \to 2} 5 \quad \leftarrow \text{公式 5.1 (1)} \\
&= 2 \lim_{x \to 2} e^x + 3 \lim_{x \to 2} x + 5 \quad\ \ \leftarrow \text{公式 5.1 (2)} \\
&= 2e^2 + 6 + 5 \quad\quad\quad\quad\quad\ \leftarrow e^x,\, x \text{ は } x=2 \text{で連続} \\
&= 2e^2 + 11
\end{aligned}$$

復習問題 5.2

(1)
$$\begin{aligned}
\lim_{x \to \infty} y &= \lim_{x \to \infty} e^{-x} + \lim_{x \to \infty} x^{-2} \quad \leftarrow \text{公式 5.1} \\
&= \lim_{x \to \infty} e^{-x} + \lim_{x \to \infty} \frac{1}{x^2} \\
&= 0 + 0 \quad\quad\quad\quad\quad \leftarrow y = e^{-x} \text{のグラフは } x \text{ が大きく} \\
&\quad\quad\quad\quad\quad\quad\quad\quad\ \text{なるとどんどんゼロに近づく} \\
&= 0
\end{aligned}$$

(2) この問題は $t = -x + 5$ とおくと，わかりやすくなります．$x \to \infty$ のとき $t \to -\infty$ です．

$$
\begin{aligned}
\lim_{x \to \infty} y &= \lim_{x \to \infty} e^{-x+5} \\
&= \lim_{t \to -\infty} e^t \qquad \leftarrow t \text{を用いて書き直した．} \\
&= 0 \qquad\qquad \leftarrow \text{関数} y = e^t \text{のグラフを考える}
\end{aligned}
$$

(3)
$$
\begin{aligned}
\lim_{x \to \infty} y &= \lim_{x \to \infty} \frac{e^{-2x} + e^{-x}}{e^{-x}} \\
&= \lim_{x \to \infty} (e^{-x} + 1) \qquad \leftarrow \text{分子，分母に} e^x \text{を掛けた} \\
&= \lim_{x \to \infty} e^{-x} + \lim_{x \to \infty} 1 \qquad \leftarrow \text{公式 5.1} \\
&= 0 + 1 \\
&= 1
\end{aligned}
$$

復習問題 5.3

(1)
$$
\begin{aligned}
\lim_{h \to 0} \frac{f(4 + h) - f(4)}{h} &= \lim_{h \to 0} \frac{2(4 + h) - 8}{h} \qquad \leftarrow \text{微分係数の定義 1} \\
&= \lim_{h \to 0} \frac{2h}{h} \\
&= \lim_{h \to 0} 2 \qquad\qquad \leftarrow h \text{を約分した} \\
&= 2
\end{aligned}
$$

(2)
$$
\begin{aligned}
\lim_{h \to 3} \frac{f(3) - f(h)}{3 - h} &= \lim_{h \to 3} \frac{3^2 - h^2}{3 - h} \qquad \leftarrow \text{微分係数の定義 2} \\
&= \lim_{h \to 3} \frac{(3 + h)(3 - h)}{3 - h} \qquad \leftarrow \text{分子を因数分解した} \\
&= \lim_{h \to 3} (3 + h) \qquad\qquad \leftarrow 3 - h \text{を約分した} \\
&= 6
\end{aligned}
$$

復習問題 5.4

(1)
$$
\begin{aligned}
y' &= (2x^2 \ln x)' \\
&= (2x^2)' \ln x + 2x^2 (\ln x)' \qquad \leftarrow \text{積の微分法} \\
&= 4x \ln x + 2x^2 \frac{1}{x} \qquad\qquad \leftarrow \text{公式 5.4, p.109} \\
&= 4x \ln x + 2x
\end{aligned}
$$

(2) $\begin{aligned}
y' &= \{(x+1)^2 e^{x+1}\}' \\
&= \{(x+1)^2\}' e^{x+1} + (x+1)^2 (e^{x+1})' \quad \leftarrow \text{積の微分法} \\
&= \{2(x+1)(x+1)'\} e^{x+1} \\
&\quad + (x+1)^2 \{(x+1)' e^{x+1}\} \quad\quad \leftarrow \text{合成関数の微分法} \\
&= 2(x+1) e^{x+1} + (x+1)^2 e^{x+1} \\
&= (x+3)(x+1) e^{x+1} \quad\quad\quad \leftarrow (x+1)e^{x+1} \text{でくくり出した}
\end{aligned}$

(3) $\begin{aligned}
y' &= (e^{x^2+3x+1})' \\
&= (x^2+3x+1)' e^{x^2+3x+1} \quad \leftarrow \text{合成関数の微分法} \\
&= (2x+3) e^{x^2+3x+1}
\end{aligned}$

(4) $\begin{aligned}
y' &= \left(\frac{x+6}{x^2+3}\right)' \\
&= \frac{(x+6)'(x^2+3) - (x+6)(x^2+3)'}{(x^2+3)^2} \quad \leftarrow \text{商の微分法} \\
&= \frac{1(x^2+3) - (x+6)(2x)}{(x^2+3)^2} \\
&= \frac{x^2+3 - 2x^2 - 12x}{(x^2+3)^2} \\
&= \frac{-x^2 - 12x + 3}{(x^2+3)^2}
\end{aligned}$

(5) $\begin{aligned}
y' &= \left(\frac{x}{\ln x}\right)' \\
&= \frac{(x)' \ln x - x(\ln x)'}{(\ln x)^2} \quad \leftarrow \text{商の微分法} \\
&= \frac{1 \ln x - x \cdot \dfrac{1}{x}}{(\ln x)^2} \\
&= \frac{\ln x - 1}{(\ln x)^2}
\end{aligned}$

(6) $\begin{aligned}
y' &= \left(\frac{e^x}{x^3+1}\right)' \\
&= \frac{(e^x)'(x^3+1) - e^x(x^3+1)'}{(x^3+1)^2} \quad \leftarrow \text{商の微分法} \\
&= \frac{e^x(x^3+1) - e^x(3x^2)}{(x^3+1)^2} \\
&= \frac{(x^3 - 3x^2 + 1)e^x}{(x^3+1)^2}
\end{aligned}$

(7) $\begin{aligned} y' &= \{(x^2+1)^{\frac{1}{2}}\}' \\ &= (x^2+1)' \cdot \frac{1}{2}(x^2+1)^{\frac{1}{2}-1} \quad \leftarrow \text{合成関数の微分法} \\ &= 2x \cdot \frac{1}{2}(x^2+1)^{-\frac{1}{2}} \\ &= x(x^2+1)^{-\frac{1}{2}} \end{aligned}$

(8) $\begin{aligned} y' &= \{e^{-x}(x+\ln x)\}' \\ &= (e^{-x})'(x+\ln x) + e^{-x}(x+\ln x)' \quad \leftarrow \text{積の微分法} \\ &= (-x)'e^{-x}(x+\ln x) + e^{-x}\left(1+\frac{1}{x}\right) \quad \leftarrow \text{合成関数の微分法} \\ &= -e^{-x}(x+\ln x) + e^{-x}\left(1+\frac{1}{x}\right) \\ &= e^{-x}\left(-x-\ln x+1+\frac{1}{x}\right) \quad \leftarrow e^{-x}\text{でくくった} \end{aligned}$

(9) $\begin{aligned} y' &= \{(e^x+x^2)^3\}' \\ &= (e^x+x^2)' \cdot 3(e^x+x^2)^2 \quad \leftarrow \text{合成関数の微分法} \\ &= (e^x+2x) \cdot 3(e^x+x^2)^2 \\ &= 3(e^x+2x)(e^x+x^2)^2 \end{aligned}$

復習問題 5.5

(1) 2階導関数を求めるには，まず1階導関数を求める必要があります．

$$\begin{aligned} y' &= (2x^2\ln x)' \\ &= (2x^2)'\ln x + 2x^2(\ln x)' \quad \leftarrow \text{積の微分法} \\ &= 4x\ln x + 2x^2 \cdot \frac{1}{x} \\ &= 4x\ln x + 2x \end{aligned}$$

次に y' をさらに微分して2階導関数を求めます．

$$\begin{aligned} y'' &= (4x\ln x + 2x)' \\ &= (4x\ln x)' + (2x)' \quad \leftarrow \text{公式 5.4 (1), p.109} \\ &= (4x)'\ln x + 4x(\ln x)' + 2 \quad \leftarrow \text{積の微分法} \\ &= 4\ln x + 4x \cdot \frac{1}{x} + 2 \\ &= 4\ln x + 4 + 2 \\ &= 4\ln x + 6 \end{aligned}$$

(2)
$$\begin{aligned}
y' &= \{(x+1)^2 e^{x+2}\}' \\
&= \{(x+1)^2\}' e^{x+2} + (x+1)^2 (e^{x+2})' &\leftarrow \text{積の微分法} \\
&= 2(x+1)(x+1)' e^{x+2} + (x+1)^2 e^{x+2}(x+2)' &\leftarrow \text{合成関数の微分法} \\
&= 2(x+1)e^{x+2} + (x+1)^2 e^{x+2} \\
&= \{2(x+1) + (x+1)^2\}e^{x+2} &\leftarrow e^{x+2}\text{でくくった} \\
&= (2x+2+x^2+2x+1)e^{x+2} \\
&= (x^2+4x+3)e^{x+2} \\
&= (x+3)(x+1)e^{x+2}
\end{aligned}$$

$$\begin{aligned}
y'' &= \{(x^2+4x+3)e^{x+2}\}' \\
&= (x^2+4x+3)' e^{x+2} + (x^2+4x+3)(e^{x+2})' &\leftarrow \text{積の微分法} \\
&= (2x+4)e^{x+2} + (x^2+4x+3)e^{x+2}(x+2)' &\leftarrow \text{合成関数の微分法} \\
&= (2x+4)e^{x+2} + (x^2+4x+3)e^{x+2} \\
&= (2x+4+x^2+4x+3)e^{x+2} &\leftarrow e^{x+2}\text{でくくった} \\
&= (x^2+6x+7)e^{x+2}
\end{aligned}$$

(3)
$$\begin{aligned}
y' &= (e^{x^2+3x+1})' \\
&= (x^2+3x+1)' e^{x^2+3x+1} &\leftarrow \text{合成関数の微分法} \\
&= (2x+3)e^{x^2+3x+1}
\end{aligned}$$

$$\begin{aligned}
y'' &= \{(2x+3)e^{x^2+3x+1}\}' \\
&= (2x+3)' e^{x^2+3x+1} + (2x+3)(e^{x^2+3x+1})' &\leftarrow \text{積の微分法} \\
&= 2e^{x^2+3x+1} + (2x+3)y' &\leftarrow y=e^{x^2+3x+1}\text{を代入} \\
&= 2e^{x^2+3x+1} + (2x+3)^2 e^{x^2+3x+1} &\leftarrow y'\text{の式を用いた} \\
&= \{2+(2x+3)^2\}e^{x^2+3x+1} &\leftarrow e^{x^2+3x+1}\text{でくくった} \\
&= (2+4x^2+12x+9)e^{x^2+3x+1} \\
&= (4x^2+12x+11)e^{x^2+3x+1}
\end{aligned}$$

(4)
$$\begin{aligned}
y' &= \{(x^2+1)^{\frac{1}{2}}\}' \\
&= (x^2+1)' \cdot \frac{1}{2} \cdot (x^2+1)^{\frac{1}{2}-1} &\leftarrow \text{合成関数の微分法, 公式 5.4, p.109} \\
&= 2x \cdot \frac{1}{2} \cdot (x^2+1)^{-\frac{1}{2}} \\
&= x(x^2+1)^{-\frac{1}{2}}
\end{aligned}$$

$$y'' = \{x(x^2+1)^{-\frac{1}{2}}\}'$$
$$= x'(x^2+1)^{-\frac{1}{2}} + x\{(x^2+1)^{-\frac{1}{2}}\}' \qquad \leftarrow 積の微分法$$
$$= (x^2+1)^{-\frac{1}{2}}$$
$$\quad + x \cdot (x^2+1)' \cdot \left(-\frac{1}{2}\right) \cdot (x^2+1)^{-\frac{1}{2}-1} \leftarrow 合成関数の微分法, 公式 5.4$$
$$= (x^2+1)^{-\frac{1}{2}} - x \cdot 2x \cdot \frac{1}{2} \cdot (x^2+1)^{-\frac{3}{2}}$$
$$= (x^2+1)^{-\frac{1}{2}} - x^2(x^2+1)^{-\frac{3}{2}}$$

復習問題 5.6

(1) まず導関数を求めます.

$$y' = (x^2 - 2x + 5)' = 2x - 2 = 2(x-1)$$

これから,

$$y' = 2(x-1) = 0 \quad \Leftrightarrow \quad x = 1$$
$$y' = 2(x-1) < 0 \quad \Leftrightarrow \quad x < 1$$
$$y' = 2(x-1) > 0 \quad \Leftrightarrow \quad x > 1$$

であることがわかります. これをもとに増減表をつくると以下のようになります.

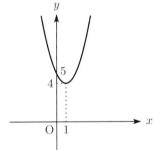

x	$\cdots$	1	$\cdots$
y'	$-$	0	$+$
y	$\searrow$	4	$\nearrow$

この増減表をもとにグラフを描けば右図のようになります.

(2) 導関数は,

$$y' = (x^3 + x^2 - x + 1)' = 3x^2 + 2x^2 - 1 = (3x-1)(x+1)$$

です. これから, 公式 3.1 を用いて,

$$y' = (3x-1)(x+1) = 0 \quad \Leftrightarrow \quad x = -1, \frac{1}{3}$$
$$y' = (3x-1)(x+1) < 0 \quad \Leftrightarrow \quad -1 < x < \frac{1}{3}$$
$$y' = (3x-1)(x+1) > 0 \quad \Leftrightarrow \quad -1 < x, \frac{1}{3} < x$$

となります. これから増減表は次のようになります.

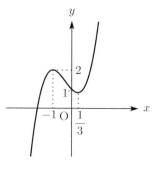

x	$\cdots$	-1	$\cdots$	$\dfrac{1}{3}$	$\cdots$
y'	$+$	0	$-$	0	$+$
y	$\nearrow$	2	$\searrow$	$\dfrac{22}{27}$	$\nearrow$

この増減表をもとにグラフを描けば右図のようになります.

復習問題 5.7

(1) まず1階導関数と2階導関数を求めます.

$$
\begin{aligned}
y' &= \{(x+1)e^x\}' \\
&= (x+1)'e^x + (x+1)(e^x)' \\
&= e^x + (x+1)e^x \\
&= (x+2)e^x \\
y'' &= \{(x+2)e^x\}' \\
&= (x+2)'e^x + (x+2)(e^x)' \\
&= (x+3)e^x
\end{aligned}
$$

こらから,

$$y' = 0 \quad \Leftrightarrow \quad x = -2$$

であることがわかります. また,

$$f(-2) = -e^{-2}, \quad f''(-2) = e^{-2} > 0$$

です. これと公式 5.5 により,

$$x = -2 \ \text{のとき, 極小値} \ -e^{-2}$$

をとります.

(2) 1階導関数と2階導関数は次のようになります.

$$
\begin{aligned}
y' &= (x^3 - 3x)' \\
&= 3x^2 - 3 \\
&= 3(x-1)(x+1) \\
y'' &= (3x^2 - 3)' \\
&= 6x
\end{aligned}
$$

よって, $y' = 0 \Leftrightarrow x = -1, 1$ です. また,

$$f(-1) = 2, \quad f''(-1) = -6 < 0$$
$$f(1) = -2, \quad f''(1) = 6 > 0$$

であるので,

$$x = -1 \text{ のとき, 極大値 } 2$$
$$x = 1 \quad \text{ のとき, 極小値 } -2$$

をとります.

(3) 1 階導関数と 2 階導関数は次のようになります.

$$
\begin{aligned}
y' &= (xe^{-x})' \\
&= (x)'e^{-x} + x(e^{-x})' \\
&= e^{-x} + x \cdot (-x)' \cdot e^{-x} \\
&= e^{-x} - xe^{-x} \\
&= (1-x)e^{-x}
\end{aligned}
$$

$$
\begin{aligned}
y'' &= \{(1-x)e^{-x}\}' \\
&= (1-x)'e^{-x} + (1-x)(e^{-x})' \\
&= -e^{-x} + (1-x) \cdot (-x)' \cdot e^{-x} \\
&= -e^{-x} + (x-1)e^{-x} \\
&= (x-2)e^{-x}
\end{aligned}
$$

よって, $y' = 0 \Leftrightarrow x = 1$ です. また,

$$f(1) = e^{-1}, \quad f''(1) = -e^{-1} < 0$$

であるので,

$$x = 1 \text{ のとき, 極大値 } e^{-1}$$

をとります.

復習問題 5.8

(1) 1 次近似式は公式 5.6 に代入するだけで求めることができます. このとき 1 階導関数が必要となるのでまず求めておきます.

$$f'(x) = (e^x)' = e^x$$

これから 1 次近似式は,

$$
\begin{aligned}
g(x) &= f(a) + f'(a)(x-a) \\
&= f(0) + f'(0)(x-0) \\
&= e^0 + e^0 x \\
&= 1 + x
\end{aligned}
$$

となります.

(2) 導関数は次のようになります.

$$f'(x) = (x^2 - 3x + 1)' = 2x - 3$$

これから 1 次近似式は,

$$
\begin{aligned}
g(x) &= f(a) + f'(a)(x - a) \\
&= f(0) + f'(0)(x - 0) \\
&= (0 - 0 + 1) + (0 - 3)x \\
&= 1 - 3x
\end{aligned}
$$

となります.

(3) 導関数は次のようになります.

$$
\begin{aligned}
f'(x) &= (3xe^{x^2})' \\
&= (3x)'e^{x^2} + 3x(e^{x^2})' \\
&= 3e^{x^2} + 3x \cdot (x^2)' \cdot e^{x^2} \\
&= 3e^{x^2} + 3x \cdot 2x \cdot e^{x^2} \\
&= 3e^{x^2} + 6x^2 e^{x^2} \\
&= 3(1 + 2x^2)e^{x^2}
\end{aligned}
$$

これから 1 次近似式は,

$$
\begin{aligned}
g(x) &= f(a) + f'(a)(x - a) \\
&= f(1) + f'(1)(x - 1) \\
&= 3e^1 + 3(1 + 2)e^1(x - 1) \\
&= 3e + 9e(x - 1) \\
&= -6e + 9ex
\end{aligned}
$$

となります.

公式集

(I) 分数の演算

    (a) $\dfrac{a}{b} \pm \dfrac{c}{d} = \dfrac{ad \pm bc}{bd}$ （複号同順）

    (b) $\dfrac{a}{b} \times \dfrac{c}{d} = \dfrac{a \times c}{b \times d}$

    (c) $\dfrac{a}{b} \div \dfrac{c}{d} = \dfrac{a \times d}{b \times c}$

(II) 展開と因数分解

    (a) $a(b + c) = ab + ac$ （分配法則）

    (b) $(a + b)(a + c) = a^2 + a(b + c) + bc$

    (c) $(a \pm b)^2 = a^2 \pm 2ab + b^2$ （複号同順）

    (d) $(a - b)(a + b) = a^2 - b^2$

    (e) $(a + b + c)^2 = a^2 + b^2 + c^2 + 2ab + 2bc + 2ca$

    (f) $(a \pm b)^3 = a^3 \pm 3a^2b + 3ab^2 \pm b^3$ （複号同順）

(III) 2次方程式の解の公式

$$ax^2 + bx + c = 0 \quad \Rightarrow \quad x = \dfrac{-b \pm \sqrt{b^2 - 4ac}}{2a}$$

$$（ただし, \ b^2 - 4ac > 0, a \neq 0）$$

(IV) 2次方程式の解と係数の関係

$ax^2 + bx + c = 0$ の2解を α, β とおくと,

$$\alpha + \beta = -\dfrac{b}{a}, \ \ \alpha\beta = \dfrac{c}{a} \quad （ただし, a \neq 0）$$

(V) 2次関数の平方完成

$$y = ax^2 + bx + c = a\left(x + \dfrac{b}{2a}\right)^2 - \dfrac{b^2 - 4ac}{4a}$$

軸の方程式 : $x = -\dfrac{b}{2a}$

頂点の座標 : $\left(-\dfrac{b}{2a},\ -\dfrac{b^2 - 4ac}{4a} \right)$

(VI)　指数法則

$a > 0$ とします.

(a)　$a^m \times a^n = a^{m+n}$

(b)　$\dfrac{a^m}{a^n} = a^{m-n}$

(c)　$(a^m)^n = a^{mn}$

(d)　$a^0 = 1$

(e)　$\dfrac{1}{a^m} = a^{-m}$

(VII)　対数法則

$(a,\ b,\ c > 0)$

(a)　$\log_a b + \log_a c = \log_a bc$

(b)　$\log_a b - \log_a c = \log_a \dfrac{b}{c}$

(c)　$\log_a b^t = t \log_a b$

(d)　$\log_a b = \dfrac{\log_c b}{\log_c a}$

(VIII)　微分の性質（線形性）

$h,\ k$ は定数とします.

(a)　$\{kf(x)\}' = kf'(x)$

(b)　$\{f(x) \pm g(x)\}' = f'(x) \pm g'(x)$　　　（複号同順）

(c)　$\{hf(x) + kg(x)\}' = hf'(x) + kg'(x)$

(IX)　微分公式

(a)　$(x^n)' = nx^{n-1}$

(b)　$(e^x)' = e^x$

(c)　$(\ln x)' = \dfrac{1}{x}$

(d)　$(f(x)\,g(x))' = f'(x)\,g(x) + f(x)\,g'(x)$

(e)　$\left(\dfrac{f(x)}{g(x)}\right)' = \dfrac{f'(x)\,g(x) - f(x)\,g'(x)}{\{g(x)\}^2}$

(X)　合成関数の微分

$h(x) = f(g(x))$ のとき, $z = g(x)$ とおくと,

$$h'(x) = \frac{dh}{dx} = \frac{df}{dz}\frac{dz}{dx} = f'(z)g'(x)$$

(XI)　接線の方程式

$y = f(x)$ が $x = t$ で微分可能であるとき, $(x, y) = (t, f(t))$ における $y = f(x)$ の接線の方程式は,

$$y = f'(t)(x - t) + f(t)$$

になります.

索　引

ぶんけいすうがく　ちょうにゅうもん
文系数学　超入門

2003 年 4 月 1 日　第 1 版　第 1 刷　発行
2019 年 3 月 30 日　第 1 版　第 11 刷　発行

著　　者　大川隆夫　北沢孝司

　　　　　鯛　智之　山下達歩

発 行 者　発田和子

発 行 所　株式会社　学術図書出版社

〒113－0033　東京都文京区本郷 5 丁目 4－6
TEL 03－3811－0889　振替 00110－4－28454
印刷　サンエイプレス（有）

定価はカバーに表示してあります.

© 2003　Printed in Japan

ISBN978-4-7806-1117-5